图解地球科普

DI LI RU GUO ZHE YANG KAN　　王连河◎编著

地理如果这样看

吉林出版集团股份有限公司 | 全国百佳图书出版单位

前言
PREFACE

　　蛟龙号深潜7000多米，到地球最深处寻找深藏的秘密。海底可燃冰的成功采样，预示着人类有取之不竭的新能源。地球是我们人类赖以生存的摇篮，但地球上的许多现象令我们费解，百慕大的灾难、通古斯的爆炸、撒哈拉的绿洲，以及那许多神奇的现象，使我们对熟悉的地球感到陌生。我们须漫游地球，重新认识地球，解剖地球。

　　沧海横流，浪花飞腾，那是我们雄心壮志的象征。我们尽情巡航，寻觅蕴藏的奥秘和宝藏。那霞光万丈的朝阳，就是我们金色的彼岸；那劈波斩浪的呼呼海风，就是我们凯旋的歌唱。

　　是的，地球所隐藏的奥秘，那简直是无穷无尽。从地表到地核、从沙漠到海洋、从高山到河流、从探险到失踪、从灾难到灭绝，真是无奇不有。怪事迭起，奥妙无穷，神秘莫测，许许多多的难解之谜简直不可思议，使我们对自己的生存环境捉摸不透。破解这些谜团，将有助于我们人类社会向更高层次不断迈进。

　　地球奥秘是无限的，科学探索也是无限的，我们只有不断拓展更加广阔的生存空间，发现更多的丰富宝藏，破解更多的奥秘

现象，才能使之造福于我们人类的文明，我们人类社会才能不断获得发展。

为了普及科学知识，激励广大读者认识和探索地球的无穷奥妙，我们根据中外最新研究成果，特别编辑了本套丛书，主要包括地学、地球、地理、海洋、探险、失踪、灾难、灭绝等方面的内容，具有很强的系统性、科学性、可读性和新奇性。

总之，地球是目前人类所知宇宙中唯一存在生命的天体，我们是地球的精灵，我们必须认识地球、爱护地球，形成保护地球家园的意识，以回报地球母亲的无限恩赐。

图解地
球科普
turrebt
nurrepu

目 录
CONTENTS

难以走出的死亡谷

美国死亡谷

美国的死亡谷位于加利福尼亚州和内华达州的接壤处。山谷两侧皆是峭壁，地势十分险恶。

1949年，有一支寻找金矿的队伍误入谷中，绝大多数人都没有出来。

即使是逃了出来的极少数人，没过几天后也相继死去了。然而，这个人类的死亡谷却是飞禽走兽的天堂。时至今日谁也弄不

清楚这条峡谷为何对人类如此地无情而对动物却是如此地厚爱。

俄罗斯死亡谷

俄罗斯的堪察加半岛克罗诺基山区的"死亡谷"地势坑坑洼洼，不少地方有天然硫黄嶙峋露出地面。

在这里到处可以见到狗熊、狼獾以及其他野兽的尸骨，真是满目凄凉。

据统计，这个死亡谷已吞噬过30条人命。苏联的科学家们曾对这个死亡谷进行过多次探险考察，但结论仍是众说纷纭。

有人认为，杀害人畜的祸首是积聚在凹陷深坑中的硫化氢和二氧化碳。有人则认为，致死原因可能是烈性毒剂氢氰酸和它的衍生物。

007

意大利死亡谷

意大利的死亡谷，它的情形正好和美国的死亡谷相反，它只杀害飞禽走兽，对人类则十分友善。

这个被称为"动物墓地"的死亡谷位于那不勒斯和瓦维尔诺湖附近，风景十分优美。它本是一座各种野兽赖以生存的原始森林。但不知何故，每年在这座山谷中死亡的野兽多达37000多只。科学家和动物学家们曾多次深入该谷考察，却始终找不出具体的答案。

印尼死亡谷

印尼爪哇岛上有个更为奇异的死亡谷，在谷中分布着6个庞大的山洞，每个洞对人和动物的生命都有很大威胁。

如人或动物靠近洞口6米至7米远，就会被一种神奇的吸引力吸入洞内，并葬身其中。因此，山洞里堆满了狮子、老虎、野

猪、鹿以及人类的骸骨。

这些山洞何以具有吸摄生灵的力量呢？被吸进去的人和动物，又是因为什么原因而丧生的？这些谜至今没有解开。

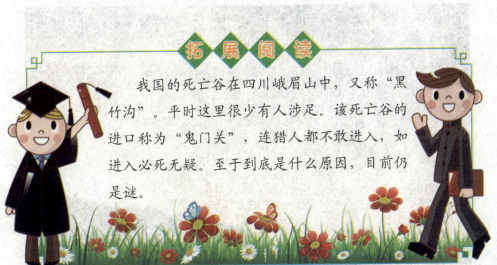

拓 展 阅 读

我国的死亡谷在四川峨眉山中，又称"黑竹沟"。平时这里很少有人涉足。该死亡谷的进口称为"鬼门关"，连猎人都不敢进入，如进入必死无疑。至于到底是什么原因，目前仍是谜。

魔鬼谷里的难解奥秘

魔鬼谷所在地

魔鬼谷西起新疆若羌境内的沙山，东至青海省内的布伦台，全长100千米，宽约30千米，海拔3000米至4000米。谷地南有昆仑山主脊高耸入云，北有祁连山阻隔着柴达木盆地。两山夹峙，雨量充沛，气候湿润，虽然地处内陆，但林木繁茂，牧草秀美。

然而，这个看似理想的天然优良牧场一遇天气变化便会变成阴森恐怖的地狱，平地生风，电闪雷鸣，尤其是滚滚炸雷，震得山摇地动，成片的树林被烧得身焦枝残。附近以游牧为生的少数

民族千百年来均将此谷视为禁地。偶然有误入其中者，往往遭雷击而绝少生还。

魔鬼谷的探索

经勘察证实，这一谷地地层中除有大面积三叠纪火山喷发的强磁性玄武岩体以外，还分布有30多个铁矿及石英岩体。正是由于这里的地下岩体和铁矿带所形成的强大磁场的电磁效应引来了雷电云层中的电荷，因而产生了空气放电并形成炸雷现象。

拓 展 阅 读

青藏高原上的那棱格勒峡谷是名副其实的恐怖地带。据当地人说峡谷中有一种食人怪兽，曾有胆大者或迷路牧民进入谷中，大多一去不复返。大雨过后，人们还常常看到谷中大批野生动物被抛尸荒野，而且尸体旁有焦土。

死亡谷的奇怪走石

美国死亡谷

　　美国加州的死亡谷是全美国最低、最热、最干燥的地方，然而它的名胜区却是个异常奇特的地方：山上长满松树和野花，山顶白雪皑皑，山下沙漠一望无际，其中有盐碱地和不断移动的沙丘。在死亡谷众多自然奇观中，最吸引人的要算是"会走路的石头"。这些石头分散在龟裂的干盐湖地面上，干盐湖长达48000

米，被称为"跑道"。

石头大小不一，外观平凡，奇怪的是，每一块都可以在干盐湖地面上自行移动，并在地面上留下长长的凹痕。有的笔直，有的略有弯曲或呈"之"字形，长的可达数百米。

死亡谷探秘

死亡谷形成于约300万年前，起因乃由于地球重力将地壳压碎成巨大的岩块而致。当时部分岩块突起成山，部分倾斜成谷。

直至冰河时代，排山倒海的湖水灌入较低的地势，淹没整个盆底，又经过几百万年火焰般日头的蒸熬酷晒。这个自太古世纪遗留下来的大盐湖，终于干涸而尽。如今展露在大自然下的死亡谷只是一层层覆盖泥浆与岩盐层的堆积。

印第安人在此所遗留的文化残骸可追溯到9000年前。但"死亡谷"之恶名从150年前才被宣扬开来。1849年冬，一批前往金山

的淘金队伍以快捷方式横越该谷，因不敌此地恶劣的气候，导致无垠的黄沙中平添白骨数堆。

关于走石的研究

关于走石，众说不一，有人说是超自然力量在作怪，有人说与不明飞行物体有关，有人则认为是自然现象。

加州理工学院的地质学教授夏普用整整7年时间进行研究，自认为已经找出其中的奥妙。他选了30块形状各异、大小不一的石头，逐一取了名字，贴上标签，并在原来的位置旁边打下金属桩作为记号，看看这些石头会不会移动。

除了两块以外，其余的都改变了原来的位置。不到一年时间，有一块已移动多次，共走了258米，另一块9盎司重的石头则创造了一次行程最远的纪录——207米。

夏普研究了石头的足迹，并查核当时的天气情况，发现石头

移动与风雨有关，移动方向与盛行风方向一致，这是有力的证据。

干盐湖每年平均雨量不超过6毫米，但是即使微量的雨水也会形成潮湿的薄膜，使坚硬的黏土变得滑溜。这时，只要附近山间吹来一阵强风，就足以使石头沿着湿滑的泥面滑动，速度高达每秒0.9米。

石头能走路的谜底虽然已经被揭开，但这种奇景却依然令人产生一种神秘莫测的感觉，因此到这儿来旅游的人接连不断。

拓 展 阅 读

会走路的巨石：苏联普列谢耶湖东北处有一块能够自行移动位置的石头。17世纪初，人们在阿列克赛山脚下发现了这块会"走路"的巨石，后来人们把它移入附近一个挖好的大坑中。数十年后，蓝色怪石不知何故却移到了大坑边上。这令人们感到非常惊奇。

地震中的奇闻

石板跳舞

1939年，我国山东省胶东半岛发生过一次里氏5.5级地震。1984年，记者去地震灾区考察，一位亲历这次地震的老人述说当时的情形时说道："地震发生在黄昏的时候，我正蹲在街上吸烟，突然'轰隆'一声地震来了，眼前的一块大石条足有半吨重，跳起一尺多高。"

对于老人的回忆，开始记者迟疑着不大敢相信。后来人们又看到一些资料，还真有不少这样的事情。

1897年，印度阿萨姆地震报告中说："地面上的乱石被抛到空中，像豆子在响鼓上跳动不止。埋在地下的大石头就被抛了出来，周围的泥土出现了裂痕。有根石柱子从地下拔出来，上面一点儿泥土也不带。一块花岗岩足有1吨重，被抛向空中3米高。"

1923年，日本关东地震时，真鹤角附近田里种植的土豆从土层里跳出来，撒满田野。

1971年，美国加利福尼亚地震时，一辆20000千克重的旧火车前后移动了3米，地面上却没留一点儿痕迹，它显然是腾空而起了。

这些现象主要发生在震中区，地震学家认为这是地震引起的一种垂直运动，是地震破坏力的一个重要方面，不可忽视。在工程地震设计中，对水坝、管道等地表结构物受垂直运动影响应特别予以重视。

巨石腾空

故事发生在山东省枣庄市秦庄。1978年6月20日13时左右，女青年李金花、孙军芳等人正在田间劳动，忽然听到不远的山脚下传来"隆隆"的响声，她们惊愕地望去，又听到了同样的响声。并见一块巨石跳起两尺多高，地面像海浪一样地起伏着。在场的人被惊呆了，惊慌失措地跑回村里。

谁能相信这是真的呢？不一会儿男女老幼又来到了出事地点。只见地面上出现了30多米长的一道大裂缝，坚硬的岩石被错开，跳起的那块大石头摆在那里，人们这才相信是真的。

当时在场的一位叫李朝阳的老人说："我活了72岁，还没见过这样的怪事。"

对这次地裂缝的形成，地震工作者认为是区域应力场活动的结果。因为当时鲁南有很多地方都出现了地裂缝，只是在这个特定的地点，人们身临其境地看到了这个过程。

拓 展 阅 读

地裂缝奇闻：1668年7月25日，山东省莒县、郯城一带发生里氏8.5级强烈地震时，郯城某乡学生李献玉的房内出现了地裂缝，随即他被陷入缝中，几次试图爬上来都没有成功。正当他无可奈何时，裂缝内突然喷涌出水，一下子把他托出了水面，他趁机爬出来，安然无恙。

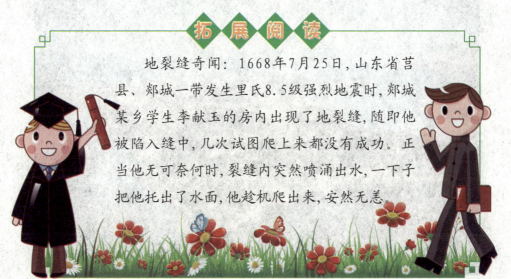

神秘的蝮蛇岛

蛇的家园

神奇的大自然供给人类空气、阳光和水，同时也给人类带来了许多不可思议的谜。在辽宁省大连旅顺西北43.6千米处的渤海湾海面上，有一个面积约一平方千米的岛屿。岛上地势陡峭，多洞穴和灌木。就在这样一个由石英岩和石英砂岩组成的小岛上，盘踞着成千上万条蝮蛇。因而，人们称它为"蛇岛"。

蝮蛇的乐园

　　蛇岛以蝮蛇的数目众多而闻名中外。的确，当你踏上蛇岛，你就会发现：无论在树干上或草丛中，还是在岩洞里或石隙内，处处有蛇。它们蜷伏着，爬行着，有的张口吐舌，露出一副凶相。这些蛇会利用各种保护色进行伪装。

　　它们倒挂在树干上就像枯枝，趴在岩石上恰似岩石的裂纹，蜷伏在草丛间又活像一堆牛粪。据统计，蛇岛上的蝮蛇有20000多条，并且每年增殖1000条左右。这种情景在世界上也是独一无二的。人们不禁要问，在这弹丸之地的孤岛上为什么栖息着这么多的蝮蛇呢？

蛇岛生物链

　　蛇岛上的蝮蛇有一套上树"守株逮鸟"的本领。蝮蛇鼻孔两

侧的颊窝是灵敏度极高的热测位器，能测出0.001摄氏度的温差。

因而，只要鸟停栖枝头，凡在距离一米左右，蝮蛇都能准确无误地把它逮住，获得一顿美餐。蝮蛇→鸟雀→昆虫→植物，构成了蛇岛的生物链。

特殊的地理位置

我国科学工作者经过考察研究后认为，蛇岛特殊的地理位置为蝮蛇的生存和繁衍创造了良好的环境。

首先，蛇岛上的石英岩、石英砂岩和沙砾岩中有许多大大小小的裂缝。 这些裂缝既能蓄留雨水，又能为蝮蛇的穴居提供良好的场所。其次，蛇岛位于温带海洋中，气候温和湿润。每年无霜期有180多天，是东北部最暖和的地方，对植物的生长和昆虫、鸟类的繁殖极为有利。再次，岛上的土壤相当深厚，土质结构疏松，水分丰富，宜于植物生长和蝮蛇打洞穴居。蝮蛇生性畏寒，

洞穴为它们提供了越冬的条件。最后，岛上人迹罕至，也没有刺猬等蛇类的天敌，对蝮蛇的繁衍非常有利。

蝮蛇是一种卵胎生的爬行动物，繁殖力较强，母蛇每次可产十多条小蛇，在生得多、死得少的情况下，蛇岛日益繁盛。

拓展阅读

巴西蛇岛：南美洲的某处有一个小岛，在巴西政府的保护下，被严明禁令除科学家以外，任何人一律不得入内。因为那里是蛇的天堂，也是人类的地狱，传说曾经有11个农夫不听劝阻，试图闯入，几个小时之内便全部死亡。

世界最大的珊瑚岛

大堡礁简介

　　大堡礁是世界最大最长的珊瑚礁群，位于南半球，它纵贯澳洲的东北沿海，北从托雷斯海峡，南到南回归线以南，绵延伸展有2011千米，最宽处达161千米。

　　大堡礁上有2900个大小珊瑚礁岛，自然景观非常特殊。南端离海岸最远处有241千米，北端最近处离海岸仅16千米。在落潮时，部分珊瑚礁露出水面形成珊瑚岛。

　　在礁群与海岸之间是一条极方便的交通海路。风平浪静时，游船在此间通过，船下是连

绵不断的多彩、奇形怪状的珊瑚景色，成为吸引世界各地游客来
猎奇观赏的最佳海底奇观。

形成历史

大堡礁形成于中新世时期，距今已有2500万年的历史。

大堡礁堪称地球最美丽的"装饰品"，它就像一颗闪着天
蓝、靛蓝、蔚蓝和白色光芒的明珠，即使在月球上远望也是清晰
可见的。

但令人费解的是，当初首次目睹大堡礁的欧洲人未能以丰富
的词汇来描述它的美丽。这些欧洲人大多数是海员，可能他们脑
子里想的是其他事情，而忽略了大自然的美景。

大堡礁的组成

大堡礁由350多种五彩缤纷的珊瑚组成，有的像傲雪的红梅，

有的像开屏的孔雀，有的像繁茂的树枝，还有的像精雕细刻的工艺品……坐飞机从上空俯瞰，珊瑚礁宛如艳丽的鲜花，开放在碧波万顷的大海上。

在大堡礁的格林岛上还设有精巧的水下观察室。游人在那里可以观看珊瑚洞穴里栖息着的数百种美丽的鱼类以及稀奇古怪的海生动植物，有被珊瑚虫寄生的重达140千克的巨蛤，有能释放毒液的华丽的狮子鱼和形如石头的石头鱼，还有敢于偷袭潜水员的昆士兰鲵鱼……真好像水晶宫一般。

珊瑚礁的形成

珊瑚礁是由一种微小的腔肠动物，即珊瑚虫制造出来的。珊瑚虫原来生活在海底的石灰质高地上，吃海藻等食物，消化之后就分泌出石灰质。

老的珊瑚虫死去后，它们的骨骼也就和石灰质混在一起了，新的珊瑚虫继续在原来的石灰质上生长。就这样，成千上万年过去了，便形成了巨大的珊瑚礁群，有的露出水面，成为了海岛。

拓展阅读

泰国帕塔亚珊瑚岛，又称可兰岛，由芭堤雅海滩乘船前往约需45分钟。距离芭堤雅9000米，是芭堤雅海滩外最大的岛，岛的四周有许多沙滩，沙白细绵，水清见底，海底又有许多珊瑚和热带鱼，是休闲、海浴、游泳、潜水和其他海上活动的好去处，还可乘别具风格的玻璃底小船饱览海底奇景。

太平洋复活节岛奇观

复活节岛的发现

罗格文一行一踏上这个小岛，就被眼前景象惊得目瞪口呆。

这是一个三角形的岛屿，面积不大，还不到120平方千米，既没有一条河流，也没有任何树木，只有荒草在地上生长着，篙鼠是该岛唯一的野生动物。

　　岛上层峦叠嶂，拉诺·洛拉科火山的身影在蔚蓝的天幕上显得雄伟挺拔，岛上有许多石头块砌成的墙壁、台阶和庙宇。

　　在该岛的南部，他们看到了一个巨大的石墙的残迹。石墙的后面耸立着几百尊气势恢宏、撼人心魄的巨大石像。

　　这些巨大的石像面朝大海，排列在海岸边，上面还刻着人物和飞禽的花纹。这些石头人站立在巨大的石头平台上面部表情十分生动，有的安详端庄，有的怒目而视，有的似乎在沉思默想，也有的满脸横肉，杀气腾腾。

复活节岛巨石像

　　复活节岛上的石像至少有10米高，是用整块石头雕成的。有的石像头上还戴着巨大的石头帽子，耳部有长长的耳垂。

　　罗格文总共发现了500多尊石像。此外，在拉诺·洛拉科火山口的碎石堆里还躺着150尊未

完成的雕像。那里还有石镑、石斧和石凿等石制工具。

复活节岛上遍布近千尊巨大的石雕人像，它们或卧于山野荒坡，或躺倒在海边。其中有几十尊竖立在海边的人工平台上，单独一个或成群结队，面对大海，昂首远眺。

这些无腿的半身石像造型生动：高鼻梁、深眼窝、长耳朵、翘嘴巴，双手放在肚子上。石像一般高5米至10米，重几十吨，最高的一尊有22米，重30多万千克。

有些石像头顶还戴着红色的石帽，重达10000千克。这些被当地人称作"莫埃"的石像由黝黑的玄武岩、凝灰岩雕琢而成，有

些还用贝壳镶嵌作为眼睛，炯炯有神。

复活节岛的名称由来

1722年4月5日，荷兰海军上将、荷兰西印度公司探险家雅各布·罗格文率领的一支舰队发现了这个位于南太平洋中的小岛。罗格文在航海图上用墨笔记下了这个岛的位置。由于发现该岛这一天正好是基督教的复活节，他在旁边记下"复活节岛"。从此，"复活节岛"之名被世人所知。

1774年，英国探险家詹姆斯·库克船长再次找到该岛，1914年开始对复活节岛进行相关的考察和研究活动。

拓 展 阅 读

复活节岛上"会说话"的木板：人们在复活节岛的石像附近曾发现刻满奇异图案的木板，人称"会说话的木板"。但这些木板遭遇了"文明者"带来的浩劫。探险家发现复活节岛之后，欧洲的传教士将这些木板统统烧掉。

各地的奇异怪坡

北京怪坡

怪坡位于北京市海淀区北安河乡阳台山半山腰的一个岔路口。怪坡长约40米，东西走向，给人的感觉东高西低。汽车开到坡底熄火后，挂空挡、松闸，车子却能自己慢慢地溜回到坡上，倒水也一样往坡上流。

台湾怪坡

在台东县东河乡有一个名叫"都兰"的旅游胜地，其最吸引游人处便是"水往高处流"。怪坡旁有一股小溪，溪水流到山脚下的农田，而靠近山脚旁的另一股溪水不往下流，偏偏反其道而

行之，向山坡上流去，观者无不称奇。

唐山怪坡

怪坡位于河北省唐山市大城山公园的东北角，长约70米，宽约15米，呈北高南低走势，坡度约为15度。骑车上坡时感觉轻松，几乎不用蹬车，而下坡则很费劲，不蹬车难以行进。一位司机驾驶着桑塔纳轿车，下坡时汽车空挡竟然向后滑行。据了解，怪坡是唐山一企业员工偶然发现的，现已被开辟为旅游景点。

山东怪坡

山东省济南市东南外环路有一段怪坡，引来人们竞相探奇。当时，有人驾车途经外环路省经济学院以南，走完约1500米的下坡路，汽车突然熄火。然而奇怪的是，熄火的汽车竟又慢慢地自动倒着爬回了上坡。不少人闻讯赶来，目睹了同一现象：几辆汽车驶到坡底，车与车相距1.2米时熄火。结果，汽车均倒行逆驶，

缓慢地爬回坡上去。

西安怪坡

1997年，在陕西省西安秦始皇兵马俑博物馆东南方，人们发现了一个怪坡。怪坡长约120米，是一段盘山公路的上坡段。汽车、摩托车、自行车到此不用费力都会自动地慢慢爬上去。

哈密怪坡

在303省道距新疆哈密市区30多千米处有一个长约1000米的怪坡。汽车上坡，在不给油空挡的情况下，车将向坡顶滑行，从坡底到坡顶时，时速可达40千米。如果往地上倒矿泉水，水也是向坡顶倒流。哈密怪坡是在2006年6月被人偶然中发现的。关于它的成因众说纷纭，比较认同的说法是视觉错误。

大连滨海怪坡

大海滨海怪坡在辽宁省大连市"海之韵"公园里面，属于滨

海路"十八盘"的上部地段。"十八盘"是对滨海路一段S形弯度极大的陡峭山路的通俗的称呼。怪坡长约60米，宽4米，看起来显然是东高西低的坡度，但驾车来此停住不动，汽车会被一股神秘的力量牵引往坡上方向驱动，前行速度不是慢腾腾的方可勉强感觉到，而是相当明显。如果骑自行车来这里感觉就更妙，骑车人不用蹬就可驶向坡顶；反之，下坡时则要用力蹬。"怪坡"的名字在依山一方的山体上标明，前行不远处有古朴的滨海路观景台，相当好找。

发生在华夏大地的怪坡奇异现象以其不可思议的神奇力量成为人们探奇的"热土"。有趣的是，类似"上坡轻松、下坡费劲"的怪坡在世界各国也已发现多处。

美国怪坡

美国犹他州有一个被人们称为"重力之山"的奇特山坡，有一条长为500米左右，坡度很大的斜坡道，也是闻名全球的"怪坡"。驱车到此，将车停下，松开制动器，就会发现汽车像是被一种无形的力量拉着似的，缓慢地向山坡上爬去。

怪坡之谜

关于怪坡的成因说法不一。专家、名人、学者纷至沓来，探秘揭谜。有的说是磁场作用，有的说是重力位移，还有的说是视觉差。但各种说法相互矛盾，不能自圆其说。

科学家通过多次进行科学实验表明：在怪坡上，越是质量大的物体，越是容易发生自行上坡的奇异现象。

如此"怪坡效应"使探险家和科学工作者产生了浓厚的兴趣，先后提出了重力异常、视差错觉、磁场效应、四维交错和飞碟作用、鬼怪作祟、失重现象、黑暗物质的强大万有引力和UFO的

神秘力量……

对于这个问题众说纷纭，却难以使人信服。怪坡依然成为人们竞相前往探奇的旅游谜地。之后，人们按比例做了一个模型，发现怪坡现象仍然存在，因此排除了外界磁场等影响。然后，人们又用仪器测量，发现上坡的地方其实质是下坡，这被称为"视觉差"。因为这些地方的特殊地形地貌导致人们的大脑对事实的判断错误。

拓 展 阅 读

乌拉圭怪坡：南美乌拉圭的巴纳角地区可以说是怪坡的聚焦点，汽车只要一开进这一地区，便怪事丛生。最令人惊奇的要数汽车一旦抛锚，一种不知从何而来的神力会把汽车推出几十米远。

可怕的厄尔尼诺现象

厄尔尼诺现象

厄尔尼诺一词来源于西班牙语，原意为"圣婴"。19世纪初，在南美洲厄尔尼诺的厄瓜多尔、秘鲁等西班牙语系的国家，渔民发现，每隔几年，从10月至第二年的3月会出现一股沿海岸南移的暖流，使表层海水温度明显升高。

南美洲的太平洋东岸本来盛行的是秘鲁寒流。随着寒流移动

的鱼群使秘鲁渔场成为世界四大渔场之一。但这股暖流一出现，性喜冷水的鱼类就会大量死亡，使渔民们遭受灭顶之灾。由于这种现象最严重时往往在圣诞节前后，于是遭受天灾而又无可奈何的渔民将其称为"上帝之子圣婴"。后来，在科学上此词语用于表示在秘鲁和厄瓜多尔附近几千千米的东太平洋海面温度的异常增暖现象。

当这种现象发生时，大范围的海水温度可比常年高出3摄氏度至6摄氏度。太平洋广大水域的水温升高，改变了传统的赤道洋流和东南信风，导致全球性的气候反常。

揭秘成因

厄尔尼诺并不是一种孤立的海洋现象，它是大气和热带海洋相互作用的结果。厄尔尼诺的爆发与结束完全取决于由海洋和大气构成的耦合系统内部的动力学过程。由于东南和东北太平洋，

两个副热带高压的减弱分别引起东南信风和东北信风的减弱，造成赤道洋流和赤道东部冷水上翻的减弱，从而使赤道太平洋海水温度升高，形成了厄尔尼诺现象。

厄尔尼诺灾难

在厄尔尼诺现象发生的时候，海水增暖往往从秘鲁和厄瓜多尔沿海开始，接着向西传播，使整个东太平洋赤道附近的广大洋面出现长时间异常增暖现象，造成这里的鱼类和以浮游生物为食的鸟类大量死亡。厄尔尼诺现象除了使秘鲁沿海气候出现异常增温、多雨以外，还使澳大利亚丛林因干旱和炎热而不断起火；北美洲大陆热浪和暴风雪竞相发生；美国夏威夷遭热带风暴袭击；

美国加利福尼亚遭受火灾；大洋洲和西亚发生严重干旱；非洲大面积发生土壤龟裂；欧洲发生洪涝灾害。

　　厄尔尼诺现象的决定因素，也就是海洋和大气系统内部的动力学过程的持续时间决定了厄尔尼诺事件发生周期一般为2年至7年，平均每3年至4年发生一次。厄尔尼诺发生时，其强度和持续时间因当时情况不同而各不相同。

拓 展 阅 读

　　1982年至1983年发生的强厄尔尼诺现象使当时赤道东太平洋水温比常年高出4摄氏度，这次强厄尔尼诺现象持续近两年，是罕见的。它对全球气候异常造成了巨大灾害，仅1982年全球就有1/4地区受到各种不同气候异常的危害，有1000多万人丧生，损失几百亿美元

自然界的奇音妙响

鸣沙山

甘肃省敦煌城南5000米有座鸣沙山，东西长40千米，南北宽20千米，高90千米，完全由积沙形成，并且形成许多沙峰。

人们登沙山时就可听到沙鸣之声，更加奇妙的是，如果在晚间登沙山，除听到沙鸣之外，还可看到五彩缤纷的火花。至今人们对鸣沙山形成的原因仍未了解清楚。

巨音石

浙江省龙游县祝家村附近的山阴道间有一块一踩就响的怪石头，石头呈椭圆形，赭色。

人们一踏上去，石头立刻就会发出山峰倒塌似的巨声；如果两人同时站在怪石边，踏上怪石的人能听到犹如山崩的洪亮的声音，但没有踏上的人却什么声音也听不到。这块奇怪的石头至今仍是一个谜。

古鼎龙潭奏奇乐

1985年1月10日清晨6时，广西融水县风景区之一的古鼎龙潭响起了古道场的锣鼓声、唢呐声、木鱼声，声音一直持续到当天晚上22时才停止。

这一奇怪的现象一下子传到四面八方。不到3小时，到古鼎龙潭听这奇乐的人多达7000多人。

人们从当地老人那得知，这一奇异的自然现象，曾在1953年秋天出现过一次。

监狱会吼啸

1946年9月12日午夜，江苏省苏州狮子口监狱突然爆发3次惊天动地的吼啸声。每次吼啸如万马奔腾，声震如雷，其中还杂有惨厉的哭喊声，特别恐怖。

吼啸声响异常地大，在三四千米外都可以听见。像有人恐怖地喊叫，令人毛骨悚然。这件怪事至今仍是一个谜。

发音的石桥

七孔桥位于河北省清东陵，它是15座陵寝中大小不等、形式各异的100座石桥中的一座。它全长110米，宽9米，两边共装有石栏板126块。

　　令人惊奇的是，敲击一下桥的栏板就会发出"叮咚"悦耳的声音。每块栏板大小一样、形状相同，然而发出的声音却不同，有的浑厚低沉，犹如木鱼，有的犹如钟发出的声音一样。

拓展阅读

　　在意大利西西里岛有个叫"狄阿尼西亚士的耳朵"的山洞。这个奇特的山洞从洞顶到洞底深40米，人在洞顶贴耳俯壁细听，可听到洞底人的呼吸声，更何况喃喃耳语了，但至今人们仍无法解释清楚这其中的奥秘。

大自然管弦乐队

广西牛鸣石

在广西靖西县有个叫"牛鸣坳"的山坳，横卧着两块巨岩，中间有"一线天"，人可通行。其中一块三角形的巨岩有汽车那么大，远远看去犹如卧在地上的一头大灰牛，被称作"牛鸣石"。此岩石表面光滑，内有许多交错的孔洞。

游人贴洞吹气，便发出一阵阵雄浑的"哞哞"的牛叫声。吹

气越大声越响，顿时群山共鸣，势如群牛呼应。古人有诗称"伏石牛鸣吹月旋"，意思就是这里石牛一叫，月亮也会跟着旋转起来，用来形容牛鸣石的神奇。

牛鸣石是浅灰色的石灰岩，被雨水溶蚀出许多孔洞，蚂蚁、蛇、鼠和鸟类穿行其中，把毛糙的洞壁打磨光滑了。人往一个洞口吹气，互相串通的孔洞受到空气摩擦，便产生铜管乐器的效应，发出动听的牛鸣声。

美国发声奇石

在美国佐治亚州有一片"发声岩石"异常地带。拿着小锤敲击这里的石头，无论大石、小石或碎片，都会发出音色和谐清脆悦耳的声音。可是，把这里的石头搬到别的地方去敲打，不管怎样敲，只有沉闷的"嘤嘤"声，与普通石头一样。

美国加利福尼亚州沙漠地带的一块巨石足有几间屋子那么

大。居住在附近的印第安人常常在明月高悬的夜晚来到这里，点起一堆堆篝火。

当滚滚浓烟笼罩时，巨石竟然会发出阵阵迷人的乐声。忽而委婉动听，犹如抒情小夜曲；忽而又成哀怨、低沉的悲歌。

当地印第安人把这块巨石尊崇为神石而顶礼膜拜。但时至今日，人们仍然不知为什么这块巨石只有在宁静的月夜，并被浓烟笼罩时才能发出悠扬的乐声，这块石头究竟包藏着什么奥秘？这还有待人们做进一步的探索研究。

原因分析

世界各地还有许多诸如响山、音石、乐泉、语洞等大自然的音响胜地，人们对它们的发声奥秘仍无法探明。

为什么石头放在某一地带就能发出乐声，挪动位置就失效呢？有人分析这是个地磁异常带，存在着某种干扰场源。岩石在辐射波的作用下，敲击时会受到谐振，于是发出乐声来。然而，这仅仅是一种推测，还没有得到充分的科学证实。

拓展阅读

河北响山：河北省青龙县若岭山东面的响山海拔约1000米，势如黄钟覆地，岩隙塘穴格外发达，加上周围诸峰对响山形成合围之势，所以劲风一吹，擦壁如琴，入穴如笛，拔柱如钟，穿塘如弦，非常奇妙。

051

神秘的空降怪雨

空降怪雨

1879年，美国萨克拉门托城的奥迪菲罗基地曾发生过几次"鱼雨"。1841年，美国波士顿城曾发生过几次"鱼雨"和"乌贼雨"，其中一些乌贼长达0.25米。1933年，美国伍斯特城和马萨诸塞城落下大量冰冻鸭子。每当发生怪事时，很多人都极力找出一些原因，以说服众人，这是毫不奇怪的。但是，科学家们却与

众不同，因为他们不能空口无凭地解释"科学怪事"。

　　1954年7月12日，英国伯明翰城内萨吐纳·库尔达菲尔德地区发生的"青蛙雨"，任何一位科学家都未予以评论或解释，因为他们根本不知道这是怎么回事。

难以破解的怪雨

　　对于怪雨，科学家们一直在研究。迄今为止，世界各国普遍的解释是：怪雨现象是旋风造成的，即一股旋风将河流、湖泊和大海中的水席卷而起，带到空中，旋风中有许多水生动物，旋风在空中旋转。不久，由于地球引力的作用，海水或湖水连同水中的动物一齐落到某地，因而形成了怪雨。这种解释听起来虽颇有道理，但是它却不能从根本上解释怪雨现象。因为倘若这样解释，就意味着旋风同样具有一些难以解释的现象的能力，即在空中将水中的动物选择，随后分门别类加以区别，然后再分类扔到

地面上去。怪雨现象中还有一些生活在深海中的鱼类，并有一些死鱼或鱼干，这些事实都是台风或飓风论者无法解释的。显然，怪雨现象实在令人难以破解。

事件记载

著名女新闻作家菲罗妮卡·布伯维尔斯根据她的亲身经历撰写3份专稿，该稿被发表在伦敦《星期日快报》上。她写道：

我家的房屋坐落在白金汉郡的一座小山上。我记得很清楚，这天下午，我同丈夫换好衣服正准备出门参加一个晚会。突然狂风大作，将门窗全部吹开。我们正忙着关闭门窗，只见狂风中一些青蛙从天而降。霎时，房前屋后到处都是青蛙，估计约有几百乃至几千只。青蛙都很小，一蹦一跳地蹦进屋来。很快，屋内外成了青蛙的世界。我和丈夫赶忙在屋里到处抓青蛙，抓住后便向门外扔。但是，扔出去之后，它们又蹦回屋里来了。我

地理如果
这样看
diliruguo
zheyangkan

们忙碌着……当然，我们到达晚会会场时已经很晚了。但幸运的是，当时我发现我的裤子鼓鼓的，伸手一摸，抓出两只小青蛙来。当时，在场的人都不相信我的叙述，但当我把两只小青蛙掏出来作为证据时，他们一个个全都目瞪口呆，讲不出话来。

拓 展 阅 读

公元318年临汾：7月，赤雨降，广袤10里；公元618年云中，即今大同雨血三日；1276年4月，冀宁榆次县雨毛如马鬃；1493年8月，临晋雨虫如雪；1729年和顺：雨鱼，落地即腐……

杀人的巴罗莫角

地理位置

巴罗莫角在加拿大北部的北极圈内，这个锥形半岛连着帕尔斯奇湖岸，被人们称为"死亡角"，位于上帝的圣潭仅40千米，该岛的锥形底部连接着湖岸大约有3000米长。科学家认为巴罗莫角与世界上其他几个死亡谷极为相似，在这个长225千米、宽6.26千米的地带生活着各种生禽植物，而一旦人进入就必死无疑。

巴罗莫角的由来

20世纪初，因纽特人亚科逊父子前往帕尔斯奇湖西北部捕捉北极熊。当时那里已经天寒地冻，小亚科逊首先看见了巴罗莫角，又看见一头北极熊沉笨地从冰上爬到岛上，小亚科逊抢先向

小岛跑去，父亲紧跟在后面也向小岛跑去。哪知小亚科逊刚一上岛便大声叫喊，叫父亲不要上岛。亚科逊不知道发生了什么事情，但他从儿子的语气中听到了恐惧和危险。等了许久，不见儿子出来，便跑回去搬救兵，一会儿就找来了6个身强力壮的中青年人上岛寻找小亚科逊了，只是上岛找人的全找得没了影儿，从此消失了。

亚科逊独自一人回去了，他遭到了包括死者家属在内的所有人的指责和唾骂。从此人们将这个死亡之角称为巴罗莫角，再也没有谁敢去那个岛了。

发现地磁现象

1972年，美国职业拳击家特雷霍特、探险家诺克斯维尔以及默里迪恩拉夫妇共4人前往巴罗莫角。诺克斯维尔坚信没有解不开的谜。4月4日，他们来到死亡角的陆地边缘地带并且驻扎了10天，目的是为观察岛上的动静。直至4月14日，他们开始小心地向死亡角接近，以免遭受不必要的威胁。

拳击手特雷霍特第一个走进巴罗莫角，诺克斯维尔走在第二位，默里迪恩拉夫人走在第三位，他们呈纵队每人间隔1.5米左右

慢慢深入腹地。一路上他们小心翼翼，走了不久就看见了路上的一堆白骨。默里迪恩拉夫人后来回忆说："诺克斯维尔叫了一声'这里有白骨'，我一听就站住了，不由自主地向后退了两步，我看见他蹲下去观察白骨，而走在最前面的特雷霍特转身想返回看个究竟，却莫名其妙地站着不动了，并且惊慌地叫道'快拉我一把'！而诺克斯维尔也大叫起来'你们快离开这里！我站不起来了！好像这地方有个磁盘'。"

　　默里迪恩拉说："那里就像科幻片中的黑洞一样将特雷霍特紧紧吸住了无法挣脱，甚至丝毫也不能动弹。后来我就看见特雷霍特已经变了一个人，他的面部肌肉在萎缩，他张开嘴却发不出任何声音，后来我才发现他的面部肌肉不是在萎缩而是在消失。不到10分钟他就仅剩下一张皮蒙在骷髅上了，那情景真是令人毛骨悚然，没多久他的皮肤也随之消失了。奇怪的是，他的脸上、骨骼上没有红色的东西，就像被传说中的吸血鬼吸尽了血肉一

样。然而，还是站立着的诺克斯维尔也遭到了同样的命运，我觉得这是一种移动的引力，也许会消失，也许会延伸，因此我拉着妻子逃出来。"

寻找地磁证明

1980年4月，美国著名的探险家组织詹姆斯·亚森探险队前往巴罗莫角，在这16人中有地质学家、地球物理学家和生物学家，他们对磁场进行了鉴定，还对周围附近的地质结构进行了分析，没有在巴罗莫角找到地磁证明。这次，亚森探险队的阿尔图纳不顾众人反对要做一个献身的试验，他在身上拴了一根保险带和几根绳子，又在全身夹了木板，然后视死如归地走向巴罗莫角，他与同伴约定只要他一发声大家就立即将他拖出险地。但这一次说来很怪，他一直走了近500米的路也未发生危险，只是后来大家怕一起陷入危险导致无谓的死亡便将阿尔图纳强行拖了出来。尽管这次探险仍未能为这一奇怪现象找到答案，但这个试验证明了当初默里迪恩拉的推测，即巴罗莫角的引力是会移动的。这个试

验为以后的考察工作至少提供了可资借鉴的经验，阿尔图纳解释说："也许巴罗莫岛上的野生动物就是凭经验和本能掌握了这一规律，所以才得以逃离死亡生存下来。"这当然也包括美国内华达与加利福尼亚相连处的死亡谷，还有印度尼西亚爪哇岛上的死亡谷。

谜团获解

2009年6月，由20多名多国科学家组成的科考队踏上了前去巴罗莫角的征程。这支科考队的带头人是美国国家地球物理协会的资深物理学教授霍克。为了保险起见，霍克等人在来到巴罗莫角附近后，先在旁边的水域驻扎下来。他们用仪器分别对该地区的空气、地质结构进行取样分析，结果也是一切正常。

大家检测了布兰科带回的草本植物，发现根叶均未见异常。但土样中的镉、锌、铜、银等金属元素却超过了正常范围数十倍。但这个发现并不能解释杀人事件，科学家们决定用一些动物

做实验。他从直升机上往下放野兔，前两次将野兔放下去，霍克等人等了很长时间并没有什么反应，第三次放下去没多久，负责拉绳子的人突然觉得绳子被什么力量牵引住了，那只野兔竟然怎么拉也拉不上来了！霍克惊诧地发现野兔周围的草木全都呈现出直立状，而那只野兔则一动不动地待在原地，全身的肉和皮毛开始消失，短短5分钟就只剩下一副白色的骨架。与此同时，绳子上的探测头传回的信息显示：磁场强度接近极限。

回到大本营后，科学家们赶紧对野兔的骨骼进行研究，发现骨头中本该有的一些水分和油脂完全消失了，呈现出一种干枯的状态，并有着极为严重的受磁迹象。经过测定，霍克等人初步判断巴莫罗角地区的超强磁场正是罪魁祸首。

无形的神秘杀手

实验如期开始，霍克教授在一个高压电子发生器上缠绕上千万伏的高电压电磁线圈，这些线圈可以在一个小箱体内发出超

强磁场，与巴罗莫角的超强磁场很接近。

工作人员打开了装有高压电子发生器的透明小箱子，小箱中的一只野兔活蹦乱跳，可是一通上电后，超强磁场立刻产生了巨大的摧毁性力量，野兔立刻全身僵直，不一会儿就皮肉尽失而死，只剩一副骨架。

霍克教授随后解释了巴罗莫角杀人背后的真相：正常的地磁是北极到南极的磁力变化，人类早已适应。但巴罗莫角地下含有大量导电性能极佳的金属元素，并且紧挨北极，这使得磁力从北极流向南极时会被这座小岛吸走一部分。虽这部分磁力同整个地球磁场相比十分微小，但当它作用在生物身上时则是极强大的。

超强磁场只在地表50米上下内活动，禽类一般不会受到磁场的影响。而大部分陆地动物也有敏锐的电磁感知能力，往往能避开强磁场存在的区域。至于植物不受损害，是因为植物细胞的质膜被坚硬的细胞壁包围，细胞壁有很强的屏蔽磁场的作用，如同避雷针，所以受磁时，植物只是叶体倒伏而已，而人和动物的细

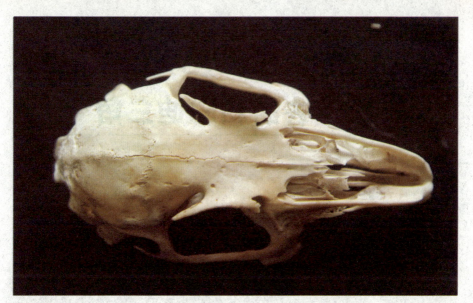

胞是没有细胞壁的，强磁场可以直接作用于细胞核，所以导致瞬间毙命。至此，恐怖的杀人角背后的奥秘终于被解开，但仍存在着一个重大的未解之谜：为什么有的人上岛毫发无损，有的人却会丢失性命呢？

拓 展 阅 读

1934年7月的一天，有几个手持枪支的法裔加拿大人立志要闯夺命岛。他们登上了巴罗莫角准备探寻个究竟，他们众多在因纽特人的注目下上了岛，随之听到几声惨叫，这几个法裔加拿大人像变戏法一样被蒸发掉了。

065

出不去的利雅迪三角

利雅迪三角鬼谷

俄罗斯的普斯科夫地区充满了神秘感，在十月革命之前，经常报道农民神秘失踪事件。

1928年，7名伐木工人连同斧头在此不见了踪影；1931年，利雅迪村有7家富农在此失踪；1974年，从彼得格勒来的一伙采蘑菇的人在鬼谷里神秘失踪，两个星期后找到其中的两人，可他们

俩谁也说不出其他5个人的下落。在这里，和百慕大三角一样，成了远近闻名的"利雅迪三角"。

采蘑菇老人神秘失踪事件

2003年7月13日，67岁的采蘑菇的老人叶甫盖尼·耶维奇因找鸡油菌时在利雅迪村附近的鬼谷里迷了路。老人是个善于辨认各种踪迹的人，因此在路边等他的伙伴一开始并不怎么着急。但时间在一分一秒地过去，他们一直等了一天一宿，老人还是不见踪影。

到了第3天，此事惊动了非常局势部的战士、专家和警犬。不过警犬也只是无奈地摇摇尾巴。

战士们虽然把所有的蕨科植物丛都搜过一遍，还边搜边大声

呼叫，可就是找不到老人。带队的军官们急了，怀疑他很可能早已溜回家，而拿这些人来开涮，于是下令撤走战士们和警犬。

可这些日子老人一直都是不知所措地在鬼谷里转着圈儿，饿了就吃篮子里的鲜蘑菇，边走还边祷告上帝，时间仿佛都停滞了。在高大挺拔的松树和大片的蕨科植物中间，白天成了夜晚，可到了晚上又继续做着白天的噩梦。

到了第5天早上，老人眼前开始出现幻景：一会儿他像是在一个被遗弃的少先队夏令营里漫步，一会儿又像是听到小丘后面有运木材车驶过的轧轧声响。

到了第10天，老人耗尽最后的气力，蜷着身子躺在软乎乎的苔藓上，在有气无力地等死。

可是老人的亲人和朋友并没放弃找到他的希望，相信他还活着。他的亲属和来自利雅迪村的医务人员以及当地的孩子都加入

了寻找他的行列。他们的吆喝声震撼了利雅迪的大地，可老人就是听不见。

一开始是矿石村的尼娜老奶奶感觉到有采蘑菇人的走失的迹象，她闻到谷地里有一种蘑菇的腐烂味道。

老奶奶吓得跑回家，将这一情况告诉了孙子安德烈，后者召集了一伙人下谷地去寻找。7月22日晚上，他们听到从树丛里传来微弱的"呼哧"声。

原来，老人干瘦的身子就蜷缩在树丛里。安德烈安慰了老人几句，马上回村去搬援兵，1个小时之后老人被送往医院。

记者前往探虚实

俄罗斯《共青团真理报》对鬼谷一再有人失踪感到好奇和忧虑，2004年在复活节前夕派出记者尤里和萨沙前去探秘。

两位记者在最初的5个小时仿佛置身在魔幻童话般的森林里。

不久，他们开始忐忑不安，因为发现所带的国产流体指南针一个劲儿地朝四面八方乱摆，其误差大概有90度左右，有时甚至是100度，最后干脆停摆。

后来，他们亲手来测这一带生源性致病情况的超感知觉架，也是像转疯了的风扇那样转了一阵，最后飞入密林中，干脆连找都找不回来了。他们现在唯一的定向标就只剩下苔藓了。

中学自然课的老师曾对他们说，长苔藓的地方永远是北方。但是这也帮不了什么忙。现在想走出"利雅迪三角"，唯一的希望就是那根指路的尼龙绳了。

他们把脚步放到了最慢，边走边用棍子杵脚下的地。等走到了绳子的尽头，他们可真是吓坏了：绳子是中间断开的，另一头找不着了……

　　"瞧！那可是少先队夏令营啊！"萨沙突然叫了起来，可尤里根本就没看到什么夏令营。

　　更有意思的是，前一年夏天叶甫盖尼·耶维奇也看到了这个夏令营。

　　可当他们走过这个海市蜃楼般的夏令营时，发现只有一块堆着木段子的林中旷地。

　　天渐渐黑了下来。他们只好在森林里过夜，天刚亮他们又往前赶路。直至快接近中午时，他们才碰到一个人，向他询问了所在方位后他们一阵狂喜。原来他们在这一带转了一个大圈，已经离开先前要考察的鬼谷整整20多千米。

鬼谷奥秘待揭

俄罗斯科学院历史学、博物学和工程学研究所研究人员、工程学博士亚历山大·克赖涅夫说："从附近的那个矿石村的名称来看，这一带有丰富的铁矿层，所以指南针才会胡乱摆。这里的地形特点又造成了能让你迷路的音响效果。如果没有方位物可供参照，人永远就只会在一个地方转圈儿，因为右腿迈的步子总是比左腿要大一些。"

这位无神论科学家的说法是无可挑剔的，但又怎么解释不同的人所看到的那座废弃的少先队夏令营呢？

不错，右脚迈的步子是比左脚要大一些。于是，人在森林中迷路之后，便会逆时针地在5000米至12000米的半径内转来转去。

需要提醒读者的是，尤里他们这次离最近的住家也就只有1000米远。再说，谷地本身就是最好的方位物。这么说来，鬼谷的奥秘还是没有被完全揭开。

拓 展 阅 读

很久以前，这一带住着一个叫弗罗霞的姑娘，她爱上了一个叫格里沙的司机。可就在他们即将举行婚礼时，格里沙酒醉开车把弗罗霞给轧死了，弗罗霞的灵魂变成一只蝴蝶。她现在总是围着游人飞，要让他们迷路，尤其是那些醉鬼，她这是在为自己的苦命报仇。

吞船的日本龙三角

可怕的日本龙三角

自20世纪40年代以来，无数巨轮在日本以南空旷、清冷的海面上神秘失踪，它们中的大多数在失踪前没能发出求救讯号，也没有任何线索可以解答它们失踪后的相关命运。

如果在地图上标出这片海域的范围，它恰恰是一个与百慕大极为相似的三角区域，这就是令人恐惧的日本龙三角。被称为

"最接近死亡的魔鬼海域"和"幽深的蓝色墓穴"。经过科学论证，巨轮在此消失的原因为遇到了海啸。

沉船事件

　　1957年3月22日凌晨4时48分，一架美国货机从威克岛升空，准备前往东京国际机场，机组成员是67名军人。飞行时间预定为9个半小时，飞机上准备的燃料足够13个半小时的航程。然而，这架美国飞机却永远没能降落到东京机场。搜救队在方圆数千千米的海面上来回搜索，最终无功而返。这架为战争而造，飞行条件几近完美的飞机究竟发生了什么事情？直至今天依然无人知晓。

　　1980年9月8日，相当于"泰坦尼克"号两倍大小的巨轮"德拜夏尔"号装载着15万吨铁矿石，在距离日本冲绳海岸200海里的地方出事了。这艘巨轮的设计堪称完美，已在海上航行了4年的"德拜夏尔"号及全体船员消失得无影无踪。

2002年1月，一艘中国货船"林杰"号及船上的19名船员在日本长崎港外的海面上突然就消失了。没有求救呼叫，没找着残骸，货船就仿佛在人间蒸发了，人们无法知道他们遭遇了什么。

众说纷纭

连续不断的神秘失踪事件引发了人们的好奇，科学工作者们开始以不同的方法和不同的角度试图去揭开魔鬼海之谜。

流传最久的是海洋怪兽兴风作浪的传说，但在当代科技面前这一假设已渐渐褪色。磁偏角说，磁偏角现象使航行中的船只迷航甚至失踪的假设也难以成立。磁偏角是由于地球上的南北磁极与地理上的南北极不重合而造成的自然现象，这种偏差在地球上的任何一个位置都存在，并不是日本龙三角所特有的。早在500年前哥伦布提出磁偏角现象后它早已成为航海者的必备知识，因此它不可能简单地成为拥有现代化设备的船只迷航和沉没的原因。飓风说，据海洋专家观测，强大的飓风经常在日本龙三角的海域

中酝酿，这片不幸的海域是飓风的制造工厂，其温暖的水流每年可以制造30起致命的风暴。这一点可在那些失事船只最后发出的只言片语中得到印证。

　　于是，有些专家认为是飓风使得那些过往船只的导航仪器在一瞬间全部失灵，最终导致船舶失事的。但是，当今大型的现代化船舶是按照能抵御最坏情况的标准制造的，按理说仅凭一场飓风并不能击沉它们。

拓 展 阅 读

　　日本海防机构每年要发布发生在日本周围海域约2500件海事事故报告。鉴于在这里搜寻失踪的船只非常困难，使得大部分的官方报告只能将事故原因归于"自然的力量"。但遇难船员的家人绝不希望他们的亲人就这样无声无息地走进黑暗，他们需要更加合理的解释。

南极冰层下的东方湖

未被污染的湖

1993年11月23日，英国和俄罗斯科学家召开南极东方湖地球物理学研讨会。通过雷达、人工地震测定的数据分析，加之以往经验的积累，测出南极冰层下有一个东方湖。

东方湖位于南极俄罗斯东方站附近，在4000多米厚的冰层下封藏了50多万年。面积与安大略湖相近，约250千米长，50千米

宽。这个深湖被一座山脊分为南北两个部分。北面水深400米，南面水深800米，东方湖的面积约为15690平方千米，蕴含淡水约5400立方千米。东方湖的面积是贝加尔湖的1/3，是地球上极丰富的地下水资源。

2005年5月人们还发现湖中央有一座岛。科学家们认为，这是地球上最有科研价值的未被污染的湖泊。

浩渺之湖

按常理说，冰盖底部的温度应该是冰点以下几十摄氏度，是不应该有水存在的。后来经分析认为，底部含水的冰层可能是受上部冰重压力，在高压下使冰消融变成水层。这种现象在现代冰川学里称为"压力消融"。

然而，仅仅是压力消融就能形成这么大的湖泊吗？显然难以令人相信。于是，这些学者又提出了地热融化说，即从地球内部

涌出的地热使冰盖底部融化形成浩渺之湖。

地球内部的热不断从地球表面释放，就像人体散热一样。由于在冰盖岩盘打孔很困难，所以这个热流在南极大陆还没有被准确地测定。而只有在美国默多站和日本昭和站测量过，表明南极地区的地热极为微弱。

探究成因

综合分析认为，南极大陆地壳热流量应该比全球的平均值低得多。据此，另一学派就提出了反问，地热温度不高的南极大陆，其冰盖下的冰怎么能被地热融化呢？

东方湖的形成究竟是压力消融，还是地热融化，是两者同时作用，还是有先有后、有主有次，或者是别的什么原因？这都是一个谜，有待于做深入的研究。现在，有许多学者多次组织打钻。但也有部分学者认为，由于湖水受到很高的压力，担心从钻

孔里可能吸不出水来。

当然，已经有许多科学家对湖水展开了丰富的联想。有的在考虑湖水的成分，即水中有无生命存在；有的想通过湖底沉积物搞清湖泊的成因和古代环境；也有的想通过东方湖找到南极在冰川期前人类活动的遗迹，从而揭示南极古地图的来历。总之，目前东方湖之谜尚未被破解。

拓展阅读

　　恩里基洛怪湖：恩里基洛湖位于多米尼加共和国，是世界上仅次于东方湖的怪湖之一。通常来说，只有少数生物能够在咸水湖里生活。在多米尼加共和国的恩里基洛湖就是一个咸水湖，它是世界上为数不多的有鳄鱼栖息的咸水湖之一。

匪夷所思的粉色湖

赫利尔湖的发现

1820年，英国航海家、水文学家弗林德斯在测量海岸线途中曾来到过这里。后来，他对岛上的粉红色湖泊，进行文字记录。

赫利尔湖位于澳大利亚的米德尔岛上，湖面呈椭圆形，湖水呈粉红色，有人将其形容为一块蛋糕上的糖霜，它看上去更像一位巨人留在绿色的厚地毯上镶白边的脚印，这为米德尔岛森林茂密的一角平添了几分奇异色彩。

赫利尔湖是咸水湖，宽约600米，湖水较浅，沿岸布满晶莹

的白盐，湖的四周是深绿色的桉树和千层木林，森林外是一条狭窄的白色沙带，将湖与深蓝色的海水隔离开来。从空中俯视小岛，深蓝、深绿、粉红以及白色形成对比，使赫利尔湖更为惹眼。

难解之谜

这个听起来匪夷所思的湖泊引发了人们极大的兴趣。湖水究竟为什么会呈粉红色呢？为了找到答案，1950年，一批科学家开始调查湖水呈粉红色的原因。来调查的科学家们本来打算在湖水中寻找一种水藻。通常，在含盐量很高的咸水中，这种水藻会产生一种红色色素。然而，他们在赫利尔湖取了数次水样进行分析，却没有发现藻类。所以此湖为何呈粉红色，至今仍是个谜。

拓展阅读

印度尼西亚有一个五彩湖，位于克利托摩附近。湖泊被重叠的群山包围。湖水的一边泛映着鲜红血液似的色泽，中间的湖水相衬出深绿色，而另一边湖水又是另一种草绿的色泽，十分迷人。

世界上能杀人的湖

臭名昭著的杀人湖

非洲喀麦隆的尼俄斯湖是个臭名昭著的杀人湖，曾造成湖岸附近村庄里成百上千的人突然死亡。

科学家经过不懈努力终于找到了罪魁祸首，即埋藏于湖底的二氧化碳。正是尼俄斯湖突然释放出的大量二氧化碳，造成附近村落大批人畜窒息而死。

无独有偶，俄罗斯西伯利亚地区也有个可怕的杀人湖。虽然

知名度远远赶不上喀麦隆的杀人湖，但更具神秘色彩和恐怖色彩。科学家们迄今还没能找到它杀人的确切原因，这就是苏博尔霍湖。

杀人湖的秘密

位于叶拉夫宁斯基区的名不见经传的苏博尔霍湖曾发生过一些奇特的现象：常常有人失踪，却找不到尸体。因此人们给它起名叫杀人湖。一支由俄罗斯专家组成的考察队近期对其进行了探访。目前，没有人知道它究竟有多深。围绕这个湖发生过许多令人难以置信的现象，常常会有人或者动物无故失踪。这些人都被认为是在湖中淹死的，但却找不到尸体。有时，尸体会在别的水体中发现。

俄罗斯科学院西伯利亚分院的科学家认为，苏博尔霍湖是地壳构造特别的天然地理致病带的典型例子。

杀人湖发作

1986年8月21日，一场夏季暴雨即将来临，尼俄斯湖在暗淡的星光下闪着波浪。突然，一股巨大的气柱神话般地从尼俄斯湖

中升起，继而弥漫散开，向附近的村庄倾泻而来。

与此同时，一股强风从湖面吹来，阵阵腐烂的鸡蛋一样的恶臭气味熏得人们几乎窒息，持续了1个小时后才停止。

与此同时，大约有50米厚的烟云吞没了那些小村庄。一些人被窒息在睡梦里，而另一些人嗅到一股臭鸡蛋味，在一片热烘烘的感觉中迅速地失去了知觉。 烟云流泻到山谷低处16千米，村庄被这邪恶之云席卷，近2000人死于毒气之中。10亿立方米毒气的释放，使湖面急剧下降。以往清澈美丽的尼俄斯湖被从湖底涌上来的铁氧化物，即氢氧化铁污染。

科学揭秘

这起罕见的自然现象令科学家们迷惑不解：到底从湖中喷出的是什么气体？

美国一些科学家认为，多年来二氧化碳从地球深部的熔岩中

释出，渐渐溶入湖底深层。由于湖水的压力，气体不易上升到湖面。经过漫长的时间，深水层的二氧化碳渐渐上升。

在向湖面喷发时，上层湖水中的二氧化碳因受到某种激发而迅速涌向湖面，而深层湖水聚积多年的气体紧跟上来。10亿立方米的毒气像"囚禁在小瓶中的魔鬼"一样被释放出来，因而在瞬间酿成了一场毒气喷发，造成致使近2000人死亡的灾难。

拓展阅读

基伍湖位于非洲国家卢旺达境内，湖边生活着200万人。看似平静的湖面下却潜伏着一头邪恶而又可怕的魔鬼。它曾经杀过人，并将继续进行杀戮，甚至将自己领地内的数百万人斩尽杀绝。科学家们正在与时间赛跑，以阻止这个连环杀手继续发动血腥攻击。

蛇不出、蛙不鸣的湖

我国第一泉水湖

山东省济南的大明湖称得上是一个怪湖：有草无蛇，有蛙不叫。按说潮湿之地是蛇栖息的好地方，但在方圆80多公顷的大明湖却没有蛇，而济南市别处的蛇却有很多。大明湖中有蛙，却都有口不叫。

在这个湖中，蛇不见、蛙不鸣，久雨不涨、久旱不涸是大明湖的两大独特之处。2009年，大明湖荣膺中国世界纪录协会中国第一泉水湖的称号。

大明湖的传说

这里有个传说，乾隆皇帝一日游至大明湖，迷恋其美景，便在湖边下榻过夜。但夜里蛇跃蛙叫，搅得他不得安宁，于是乾隆信手写了"蛇进洞，蛙不鸣"。从此，由于没得到皇帝的特赦，蛇便不出来，蛙也不叫了。不过，这只是传说。另外有人曾将蛙移到护城河外，蛙便叫了；把外界会叫的蛙放进大明湖，却又听不到它的叫声。对于这个怪现象，直至现在仍是个谜。

拓 展 阅 读

河南省新野县有一个奇怪的湖，名叫"弹子湖"。据说当年的汉光武帝刘秀就是新野县的女婿，据《嘉靖邓州志》中记载："弹子湖在板桥铺西，世传光武帝当年游息于此，闻池蛙喧闹，以弹击之。至今池内有蛙不鸣。"因此在弹子湖里，青蛙也是不叫的。

造福人类的沥青湖

洛杉矶沥青湖

沥青湖位于太平洋东岸美国洛杉矶城所在的地方，不过那是一两万年前的事了。每当急雨过后，乌亮的湖面上就会积聚一汪清水。因为雨水与湖水不会汇为一体，湖中乌亮、黏稠的液体就是还没有凝固的沥青。沥青湖像一个巨大的陷阱，在它存在的那些日子里，不知吞噬了多少生命。

各地的沥青湖

洛杉矶的沥青湖早已随环境的变化而消失。但世界上却仍然存在着一些沥青湖，其中最著名的是位于加勒比海的特立尼达和多巴哥岛上的沥青湖。

这个湖占地4.4万平方米，比当年的洛杉矶沥青湖要大出两倍。由于时代的进步和科学技术的发展，它已成为人们获得天然柏油的重要来源。

据说从1860年以来，人们已从这里挖走了几千万吨柏油。但湖中的沥青却几乎一点儿也没有减少，因为湖的底部有含沥青的石油，源源不断地进行补充。石油在接触空气后迅速挥发，便留下了乌亮的沥青。

拓展阅读

彼奇湖是一个自然的沥青湖，位于拉贝亚，在特立尼达岛西南方。这个湖没有一滴水，有的却是天然沥青，因此人们称其为"沥青湖"。彼奇湖现在已经被定为旅游胜地。

奇异的贝加尔湖

贝加尔湖的谜团

在俄罗斯西伯利亚东南部有一个全世界最大的淡水湖，叫贝加尔湖。在西伯利亚人眼中，贝加尔湖是一片神圣不可侵犯的"荣耀之海"。就是这样一个极富吸引力的蓝色深湖，蕴藏着无尽的奇特谜团。这些谜团就像贝加尔湖本身一样变幻莫测。

月亮湖

贝加尔湖是世界上最深、蓄水量最大的淡水湖，位于布里亚特共和国和伊尔库茨克州境内。湖狭长弯曲，宛如一弯新月，所以又有"月亮湖"之称。

　　贝加尔湖长636千米，平均宽48千米，最宽为79.4千米，面积3.15万平方千米，平均深度为744米，最深点为1620米，湖面海拔456米。贝加尔湖湖水澄澈清冽，而且稳定、透明，透明度达40.8米，居世界第二位。其总蓄水量为23600立方千米。两侧还有1000米至2000米的悬崖峭壁包围着。

　　在贝加尔湖的周围总共有大小336条河流注入湖中。最大的是色楞格河，而从湖中流出的则仅有安加拉河，年均流量仅为每秒1870立方米。湖水注入安加拉河的地方宽度在1000米以上，白浪滔天。

荣耀之海

　　贝加尔湖贮存的淡水占世界淡水总量的1/5。世界上的一些著名湖泊，水量几乎都是逐年减少。可是，贝加尔湖却在逐年增加。整个湖区以及附近一带生活着1200多种动物，生长着600多种植物，其中2/3是地球上其他地方几乎没有的特种生物。有些生物

只有在几万年，甚至几亿年前的古老的地层里，才能找到与之类似的化石。

种类繁多的生物群

英国研究员发现，一般湖泊在水下两三百米处便少有生物。贝加尔湖却是特例，湖深处含氧丰富，生物种类奇多，甚至在1600米的底部仍可见到大量生物群。

这可能是因为湖面强风吹袭，再加上每年大批沉入湖底的碎冰带来足够的溶氧，才使得湖底蕴藏生机吧！贝加尔湖内特有的底栖生物含量之丰也令人惊叹。欧洲湖泊中像虾状的扁形虫总数只有11种，而贝加尔湖却高达335种之多。

揭秘奇湖

俄罗斯学者萨匀基襄认为，贝加尔湖有类似海洋的一些自然条件。如贝加尔湖非常像海洋盆地，所以许多淡水动物的身上产生了像海洋动物一样的标志。

　　湖中的海洋生物到底从何而来？它们又是怎样进入湖中的呢？苏联贝尔格院士等人认为，只有海豹和奥木尔鱼是真正的海洋生物。它们可能是从北冰洋沿着江河来到贝加尔湖的。然而，关于贝加尔湖特有的生物来源问题至今没有明确的答案。

拓展阅读

　　冬天贝加尔湖面的冰是"隐形杀手"。19世纪末，一个运送银货的雪橇商队就从冰面上沉入深渊。冬天贝加尔湖面的冰很厚，有些地方厚达1米，但它们并不是一个整体，冰块间有缝隙，这些缝隙时大时小，有的缝隙整个冬季都不结冰。

各种各样的怪湖

三色湖

　　三色湖位于印度尼西亚佛罗勒斯岛上的克穆图火山山巅，周围群山环抱，重峦叠嶂，林木葱茏，繁花似锦。银白色的瀑布从陡峭的山崖直泻而下，蜿蜒曲折的河川小溪在深山幽谷里潺潺作响。三色湖是由3种不同颜色的火山湖所组成的，它们彼此相邻，

但湖水颜色各异。其中较大的是火山湖，湖水呈鲜红色；与它相邻的一个火山湖，湖水呈乳白色；还有一个湖的湖水呈浅蓝色。

　　每当中午时分，这三个湖的湖面上轻雾缭绕，好似笼罩着层层薄纱，格外迷人。一到下午，整个湖面上却是乌云密布，加上从三色湖随风吹来阵阵刺鼻的硫黄气味，令人感到仿佛置身于另一个世界。

甘咸湖

　　甘咸湖，原名藏巴湖，位于印度斋浦尔，面积约达200平方千米。一年中湖水有时甜，有时咸，即在每年10月至第二年5月的8个月内，湖水含盐量极高。6月至9月的4个月内，盐分全部消失，略带甜味的湖水可直接饮用。这段时间正值本地区的雨季，过量

的雨水常常造成湖水泛滥。雨季过后，藏巴湖又恢复了极高的含盐量，变成了咸水湖。

肥皂湖

在希腊爱琴海中有一个奇妙的"肥皂岛"，岛上居民用不着买肥皂，衣服脏了，随手挖一块泥土就能当肥皂用，真是妙极了。

世界上的事往往无独有偶。在俄罗斯乌拉尔市还有一个肥皂湖，那里的居民的衣服脏了，用湖水搓洗几下就干净，连衣服上的油渍都能洗掉。据研究，湖水含有按一定比例化合在一起的苏打和食盐，所以有这样奇特的作用。

汽湖

在东非的扎伊尔的边境上有一个湖水就像充满气体的汽湖，这就是基伍湖。基伍湖的上层湖面的水就像汽水瓶的盖子，一丝气也没有，还有很强的封固性；下层的水中却蕴含着大量的天然

气。汽湖的湖水还分成不同的几个层次，越往下层含气量越高，层与层之间的阻隔性也很强。这样就将大量的天然气"锁"在了湖里，使它无法逃散到大气中去。

拓 展 阅 读

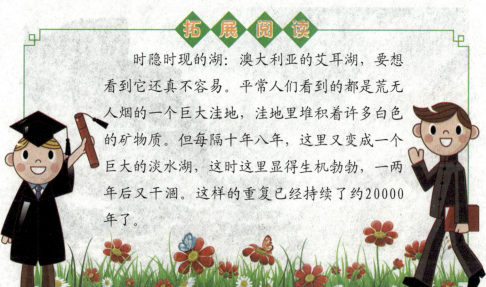

时隐时现的湖：澳大利亚的艾耳湖，要想看到它还真不容易。平常人们看到的都是荒无人烟的一个巨大洼地，洼地里堆积着许多白色的矿物质。但每隔十年八年，这里又变成一个巨大的淡水湖，这时这里显得生机勃勃，一两年后又干涸。这样的重复已经持续了约20000年了。

呼风唤雨的迷湖

迷湖特点

我国云南省怒江西岸的高黎贡由于地处亚热带山区，又因山势较高，山顶上常有积雪冰川。融化后的冰水汇成了几十个嵌布于莽莽森林中的湖。这些湖却具有令人迷惑不解的现象。

之所以说这些湖泊奇异，是因为不论是谁，只要站在湖边大声说话或发出其他响声，就会使本来晴朗的天空瞬时变得乌云密布，狂风骤起，大雨倾盆。

迷湖风景

迷湖现称为"听命湖"，是著名的旅游景区。听命湖的湖水是由雨水和融雪汇集而成的，清幽幽的湖水碧波荡漾宛如一块晶莹无瑕的蓝宝石。蓝蓝的天空、白白的云朵，以及四周那青青的山峦、绿绿的松杉竹林、多彩的碧草山花，静静地倒映在湖水中，真是一幅秀美绝伦的图画。

野生动物在听命湖四周栖息、游荡，国家珍稀保护动物灰腹角子雉、山驴、金丝猴、小熊猫、羚羊等就常年生活在这里。

湖区的景色随着四季的变化而不同。春天，雪山融化的涓涓雪水汇入湖中，漫山的杜鹃点缀四野，这里是一片苏醒的野生动物的乐园；夏天，葱绿的林间百花盛开，云海茫茫；秋天，碧蓝的湖水倒映着岸边金黄的树叶，秋高气爽；冬天，寒凝大地，这里一片宁静。

神秘色彩

听命湖被神秘的色彩笼罩着,人们到这里只能轻声细语,如果大声叫喊,顷刻间便会风雨交加,冰雹突然而至。

过去,凡遇到大旱之年,山下的百姓就准备好祭祀品和雨具,到听命湖畔祈求天神降雨。人们摆好祭品,搭好雨棚,然后载歌载舞,瞬息,听命湖上空便乌云翻腾,风雨随之而来。

人们的推测

有人推测这与当地的地形和气候条件有关。这里每年的4月至11月为雨季。平时空气湿度很大,到了夏季气温升高,一些谷地的上空气温可高达40摄氏度左右,这就使空气中有可能保持极高的湿度。但是,这里的湖水因源自山顶的雪水,温度很低,从而在湖面上保持了一个低温层。由于这些湖泊处于山谷低处,平时

很少有风，使湖面的低温层与上空的高温高湿空气层能保持极不稳定的平衡。因此，一旦有外界的声浪冲击，就会导致上下空气层的剧烈对流，造成狂风。高湿度的热空气遇到冷空气又迅速凝结成水滴，就产生了大雨。但至于这一推测正确与否，还有待于进一步的考察证实。

拓 展 阅 读

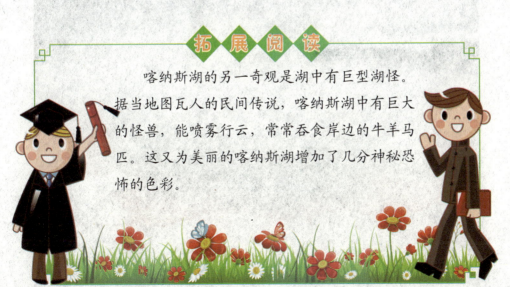

　　喀纳斯湖的另一奇观是湖中有巨型湖怪。据当地图瓦人的民间传说，喀纳斯湖中有巨大的怪兽，能喷雾行云，常常吞食岸边的牛羊马匹。这又为美丽的喀纳斯湖增加了几分神秘恐怖的色彩。

自然界的五彩湖

五彩湖

在四川省西北部的岷山绵亘千里的雪山和森林之间，镶嵌着许多秀丽的明珠。有一个湖泊，湖水泛映出红、橙、黄、绿、蓝等5种色彩，十分绚丽，仿佛是个童话世界。这就是五彩湖。

岷山北坡南坪的九寨沟，两边的雪山和原始森林夹峙着，那

雪水汇成的清溪顺着台阶般由地沟层叠流泻，时而奔腾飞溅，时
而汩汩流淌，把九寨沟108处断崖洼地连成了一长串彩色明珠和
一道道瀑布。

　　108个湖泊有大有小，最大的长7000米，宽300米。湖水都很
清澈，雪峰和翠林的倒影交相掩映，大小游鱼历历可数。两岸树
林下，奇花异草繁茂，殷红的山槐、姹紫的山杏、微黄的椴叶、
深橙的黄栌，把湖面辉映得五彩缤纷。

解密五彩湖

　　为什么湖泊会多彩而变色呢？原来，阳光透过林梢洒向湖
面，湖水明澈如镜，倒映出林梢的绚丽色彩。加上湖底的石灰岩
层次高低不同，有深有浅，本身颜色有别。还有水里的水藻，反
射上来就形成了极为丰富的色彩。

　　岷山南坡松潘黄龙寺风景区的五彩湖，就更奇特了。从山腰到山麓，有一条长7000多米的岩沟。

　　溪水沿着山坡蜿蜒而下，在阳光的映照下，仿佛一条金黄色的彩带在飘动，两端都有成串明珠般的五彩湖。

　　五彩湖中的湖床是乳色和米黄色的石灰岩，宛如精美玲珑的玉石雕刻。它们形状千姿百态，有的像葫芦，有的像壶、盆，有的像钟、鼎，有的像莲瓣、菱角。

　　水色五彩纷呈，有的地方显露出海蓝色，有的地方呈现着翠绿色，有的地方辉映成橙黄色，另有滢红、漾绿、泼墨、拖黄等等色彩，艳丽如锦，美丽如画。

　　有趣的是，当人们用手捧水时，湖水又变得无色而透明，晶莹剔透了。

　　水里有多种矿物质，表面张力大，把铝币投进湖水，它会几

经浮旋久久不沉。

　　人们以石击水，那荡漾起的涟漪反射出粉红色和雪青双色波光，向四周扩散开去，宛如一道道美丽的彩虹，好看极了。

拓　展　阅　读

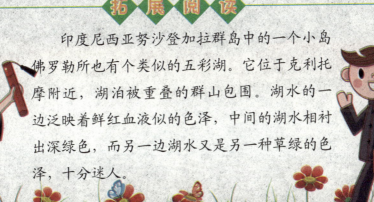

印度尼西亚努沙登加拉群岛中的一个小岛佛罗勒所也有个类似的五彩湖。它位于克利托摩附近，湖泊被重叠的群山包围。湖水的一边泛映着鲜红血液似的色泽，中间的湖水相衬出深绿色，而另一边湖水又是另一种草绿的色泽，十分迷人。

火湖和熔岩湖

火湖介绍

在拉丁美洲西部印度群岛的巴哈马岛上有一个奇妙的火湖，湖水闪闪发光，就像燃烧的火焰一样。

夜间船只在湖上行驶，船桨会激起万点火光，船周围也会飞起美丽的火花。有时，鱼儿跃出水面时也带着火星。

为什么奇异的火湖会发出灿烂的火光，却又不会灼伤游水者和鱼群呢？其实，这些火光和火花都不是火，而是湖中大量繁殖的

110

一种海洋生物甲藻。

原来，这是生物发出的一种冷光。火湖位于靠近北回归线的温、热带交界处，气候温暖，湖水又与海水沟通，因此繁殖了大量的海洋发光生物，即甲藻。

甲藻是一种只有几微米长的单细胞微生物，体内含有较多的荧光酵素，当它在水中受到扰动刺激时就会发光。所以，当船桨划动，鱼儿畅游时就会发生氧化作用从而产生五光十色的火光。

熔岩湖介绍

巴哈马的火湖是一种假象的火湖。世界上还有真正的火湖，这就是火山岩浆形成的熔岩湖。

最著名的熔岩湖位于太平洋上夏威夷岛的基拉韦厄火山。基拉韦厄火山是夏威夷3个活火山中最小的一个，海拔约1300米，火

山口直径约有5000米，深约1000多米，就像一口大锅。

在这口大锅里，有3个呈串珠状排列的杯形洼地，里面经常翻滚着炽热的岩浆，于是就形成了熔岩湖。湖里的岩浆时而涌起，时而下降，深度经常发生变化。

每当火山活动强烈时，便有大量的岩浆像喷泉似的喷上天空。有时岩浆还从湖口外溢，流向四方，形成熔岩河、熔岩瀑布等奇景。

熔岩湖现象的成因

熔岩湖能长期保持炽热状态，就是因为地底有源源不断的岩浆。如果在夜晚登上基拉韦厄山顶，俯视下面的熔岩湖，就会看见整个湖面就像一个发光的网，上面点缀着辉煌的灯光，随着网的起伏晃动，火花此起彼落，令人目眩。

　　这是因为虽然熔岩的表面冷却后结了一层硬壳，但壳下的岩浆却又不断沿着一些裂缝涌出，并发出了火光。据测定，熔岩湖中的岩浆温度达1000摄氏度至1200摄氏度。

拓 展 阅 读

　　沸腾湖：沸腾湖位于多米尼克南部火山区。湖内有一圆形喷孔，喷发的时候山谷轰鸣、大地震动，热水形成2米至3米高的水柱，颇为壮观。

恐怖的罗布泊

罗布泊的传闻

罗布泊位于我国新疆塔里木盆地东部，这是一个充满神秘氛围的地方，它被人们称为死亡之海。因为这里非但不孕育生命，不欢迎生命，而且还无情地扼杀生命。20世纪80年代，我国著名科学家彭加木在罗布泊失踪，至今杳无音信，成为世纪之谜。一些真真假假的传闻不断传到我们耳边，"罗布泊常有飞碟出没，

肯定有外星人，彭加木说不定就是被他们劫走的"。"罗布泊磁场磁力特别强，许多仪器都在那里失灵，人一进去就头脑发晕不知东南西北"。

这些是耸人听闻的谣言，还是对罗布泊的真实披露呢？

沙暴袭击

1980年初夏，我国的一支科学考察队从敦煌出发，穿过茫茫的噶顺戈壁，进入罗布泊地区。有一天，考察队的车队在戈壁滩中艰难地行走。突然， 前方不远处有一股巨大的沙暴急速地朝车队滚来。

转眼的工夫，大风席卷着满天沙石呼啸而至，刚刚还是晴朗的天空，霎时间一片黑暗。

10米之外，人影模糊，前后的车辆一下子消失得无影无踪。沙石敲击着车身，发出"叮当"的响声。真是"一川碎石大如

斗，随风满地石乱走"。

无边无际的盐饼

一到夏天，罗布泊的气温就升高至50摄氏度左右，地表温度甚至高达70摄氏度。地面滚烫，难以涉足。这里的年降水量不足1毫米，不少地方终年无雨，但蒸发量却高达3米以上。因此，这里尽管炎热异常，却不会汗流如注。因为汗水刚刚渗出，就被蒸发殆尽。考察队员的衣服不是被汗水湿透的，而是被汗水中的盐分和沙尘弄成硬邦邦的铠甲。在严酷的自然条件下，干涸的罗布泊盆地几乎不存在任何动植物。

罗布泊是迁移湖吗

20世纪50年代后期，中国科学院新疆综合考察队对罗布泊地区做了实地考察之后，第一次做出了"罗布泊并非迁移湖或交替湖"的结论。由于罗布泊的湖水受层层自然湖堤的包围，并受内

部新构造活动的控制，因此水体不可能任意游荡。

　　1980年，我国的科学考察队又两度穿越罗布泊湖盆，对那里的地貌和古水系做了详细的考察，对湖盆的地形做了精密的测量，并通过钻探采集了大量水样和地层岩芯，再次证实了罗布泊不是迁移湖。

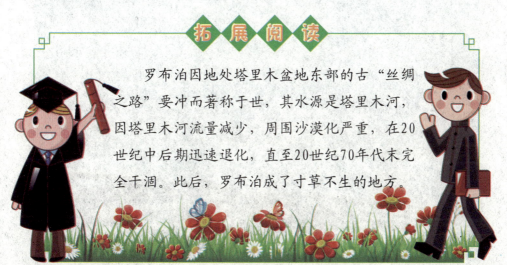

拓 展 阅 读

　　罗布泊因地处塔里木盆地东部的古"丝绸之路"要冲而著称于世，其水源是塔里木河，因塔里木河流量减少，周围沙漠化严重，在20世纪中后期迅速退化，直至20世纪70年代末完全干涸。此后，罗布泊成了寸草不生的地方。

各种各样的河

美味河

云南省元阳县马街乡老丙寨子脚有一条小河，河中的水被称为龙漂水，河水细细的、清澈晶莹。更奇特的是，用这里的水煮饭，松软可口。

在那儿常常可见附近的傣族人民手提锅，到那儿品尝"粉红米饭"。

珍珠河

　　甘肃省有一条桃河，它是黄河上游的支流，经过临桃县，在永清县城附近汇入黄河。1989年春节前后，桃河出现了"流珠"奇观：

　　从九旬峡至刘家峡数百里长的河面上，无数冰珠随水涌流，昼夜不停，观者无不叫绝。

　　临桃县城紧靠桃河，从城外桃河的东岸远望上游，但见碧水滔滔、银光闪闪。

　　其实，闪光的并非水花，而是一个个圆润晶莹的冰珠，大的像樱桃，小的像豌豆，或聚或散，随波逐流，碰着岸边的薄冰，发出动听的声音。河水汇入刘家峡水库时，在水库入口处还形成半径为30多米的"珍珠扇面"。

119

桃河为何会出现这种景观呢？原来它海拔1800多米，在滴水成冰的季节，水珠便变成冰珠，瀑布河又成了珍珠河。

潮水河

在湖北神农架山区有一条潮水河，它像有人定时操纵一样，每天早、中、晚涨潮3次，每次半小时，从不误时。原来它源于一个潮水洞，涨潮时，只见流量倍增，汹涌而来，迅猛异常，不知内情者常被吓得惊慌失措。

双色溪

闽西梅花山自然保护区有两条水质洁净而奇特的"鲜水溪"。

溪水呈现两种颜色，一边为洁净碧透的鲜水，另一边则是浮现乳白色絮状物的混水。两水缓慢交

120

融，流过数十米的溪滩之后，合为一溪碧水。不管旱季还是雨季，都是如此景色，但两色溪是如何形成的还有待科研人员研究揭秘。

拓展阅读

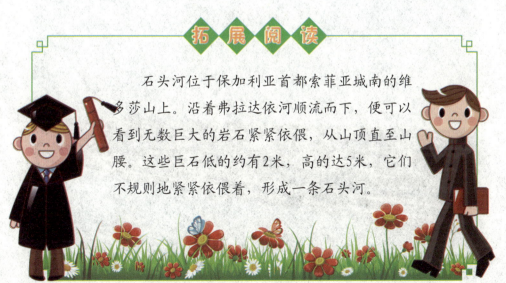

石头河位于保加利亚首都索菲亚城南的维多莎山上。沿着弗拉达依河顺流而下，便可以看到无数巨大的岩石紧紧依偎，从山顶直至山腰。这些巨石低的约有2米，高的达5米，它们不规则地紧紧依偎着，形成一条石头河。

形形色色的河

酸河

在哥伦比亚东部的普莱斯火山地区有一条雷欧维拉力河，全长580多千米。因为河水里约含8%的硫酸和10%的盐酸，成了名副其实的酸河，河水中无鱼虾及水生植物。

这条河的河水不仅味酸，而且刺激性强。经探测证明，河床中有不计其数的又深又长的穴道直通火山区。河水的酸性可能是

火山爆发时排出的燃烧物和硫酸、盐酸等物质，经由河床穴道渗入河中所致。

甜河

在希腊半岛北部有一条奥尔马河，全长50余千米。河水甘甜醇口，在某些地段其甜度甚至可与甘蔗汁相媲美。

地质学家认为，甜河的形成是因为河床的土层中含有很浓的原糖晶体的缘故。

另外，这条河尽管很甜，但当地人都不敢把它当糖水喝。

苦河

印度孟买北部有一条河，河水之苦赛过黄连，所以人们称之为苦河。究其原因，是河床深处的"苦石"结构所致。

也正因为河水苦，各制药厂争先恐后地争夺河水，造成水位急剧下降。

香河

香河位于西非的安哥拉境内，原名勒尼达河。它仅长6000

米，河水香味浓郁，百里之外也能闻到扑鼻的奇香。

据说，香河之所以香有两个原因：一是河底生有很多能在水中开的花，花的香味散发出来溶于水中；二是河底的泥沙含有香味。但是真正的原因人们还没有搞清楚。

彩色河

它是位于西班牙境内的延托河。河的上游流经一个含有绿色原料的矿区，所以河水呈绿色。往下有几条支流经过一个含硫化铁的地区，水变成翠绿色。流入谷地后，一种野生植物又把它染

成棕色和玫瑰色。再往下流经一处沙地，河水又变成了红色。该河也被称为变色河。

墨水河

在阿尔及利亚，有一条被称为墨水河的河流。这条河由两条含有墨水原料成分的小河汇集而成。

汇合后的河水含墨成分更高，简直成了天然高级墨汁。人们在这里可以用这不花钱的墨水写字作画。据说，第二次世界大战期间，英国军队曾取这条河中的水当墨水用。

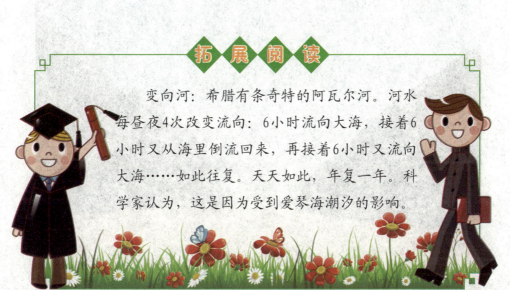

拓展阅读

变向河：希腊有条奇特的阿瓦尔河。河水每昼夜4次改变流向：6小时流向大海，接着6小时又从海里倒流回来，再接着6小时又流向大海……如此往复。天天如此，年复一年。科学家认为，这是因为受到爱琴海潮汐的影响。

长江会不会变黄河

黄河的形成

　　长江能否变成第二条黄河？要回答这个问题，还得从黄河是怎样变黄的谈起。黄河和长江一样，同是我们炎黄子孙的母亲河。黄河在中华民族的发展史中所起的作用甚至比长江还大。黄河和长江都发源于青藏高原，源头相距最近处不足1000米。可是，为什么其中的一条却过早地变黄了呢？这主要是由于它们选择了不同流经路线的缘故。黄河走的是北线。从源头流经扎陵

湖、鄂陵湖地区时，由于基岩裸露，河水是清澈透明的。但从鄂陵湖以下约20千米处开始，进入泥泞之路，河水混浊泛黄。

这一带属黄土高原区，密布众多支流，气候多变，经常有雨雪风暴袭击，引起山洪暴发。加上人类在此开发较早，植被破坏严重，造成水土严重流失。因此，这条大河才变成一条地地道道的黄河。它携带的泥沙在中下游淤积，河床被抬高，成为具有独特景观的地上河，千古黄河由此而生。

黄河的泥沙

黄河是世界上含沙量最大的一条大河。据估测，黄河每年输往下游的泥沙约16亿吨，占全国外流河总输沙量的60％。如果把这些泥沙用载重4000千克的卡车运送，每天装载110万车次，也要一年才能运完。

黄河含沙量之大确实惊人。黄河穿行在海拔4000米的青海草

原地区的时候，是一条流速缓慢、水流清澈的小溪。它流出青海草原，汇合大通河、汉水和洮河以后，水量才大大增加。再经过河套平原，到了内蒙古河口镇以下，黄河进入中游。

黄河中游流经黄土高原地区，这里覆盖着厚厚的一层黄土，且土质疏松，连同它下面的疏松的红土层厚度在100米以上。由于缺乏草木的庇护，所以一到雨季，由于大量雨水的冲刷，许多泥沙就会随雨水进入黄河，使河水变成滚滚泥流，成为世界上著名的泥河。

长江流域稳定的地貌

长江选择的是另一条不同的南线。长江上游的水土流失区仅有36万平方千米，主要集中在四川盆地。比较集中的地区只有十多万平方千米，其中除去耕地面积，所剩下的水土流失面积同黄

土高原那样有50多万平方千米的范围相比，已不算很大。可见，长江上游没有像黄河上游那样产生大规模水土流失的自然环境。从20世纪60年代以来，长江流域的水土流失有加剧的趋势。

拓展阅读

　　1998年7月鄂尔多斯高原产生了两次强降雨过程，暴雨中心位于黄河一级支流西柳沟的中上游。暴雨洪水挟带大量泥沙冲入黄河，在黄河主河床中淤积形成9000万立方米的沙坝，将黄河干流向北推移了1500米。

世界上河流的补给

河流补给类别

世界上众多的河流由于所处的地理环境不同，补给源也不同。河流补给源可分为地表水源、地下水源两大类。河流补给是河流的重要水文特征，它决定了河流水量的多寡和年内分配情势。研究河流补给有助于了解河流水情及其变化规律，也是河水资源评价的重要依据。

地表水源的种类

地表水源又分为江河水源、湖泊与水库水源和坑塘水源3种。

江河水源具有流程长、汇流面积大、取用方便的特点，但是水中含悬浮物和胶态杂质较多，水量不稳定。流量与水质随季节和地理位置的变化而变化，洪水期水量大，水温和浑浊度高，枯水期水量小，水温和浑浊度低。同一河流的上下游水温、水质相差也很悬殊。

由于流程长，沿途易受各种废水和人为因素的侵入污染，表现出水质极不稳定。江河水流虽有一定的稀释与自净能力，由于浑浊度与细菌含量较高，一般不易彻底去除。

湖泊与水库水源的水体大，水量充足，取用方便。其水质、水量受季节的影响一般比江河水小，浑浊度较低，细菌也较少。

但是，藻类等水生物会有程度不同的繁殖，并会引起臭味。另外，水体长期裸露地表易污染，必须注意保护。

坑塘水源一般多为"死水"，水体较小，污染严重，水质差，水中含有大量有机物与细菌，常有臭味。夏季还会滋生大量水生物，应尽量避免选择此类水做水源。

地下水源的种类

依据地下水不同的贮存条件，地下水源一般可分为上层滞水、潜水、承压水3种。

上层滞水是指存在于地表面以下局部隔水层上部的水。一般分布范围窄，埋深比较浅，其水位随大气降水与季节影响而发生变化。

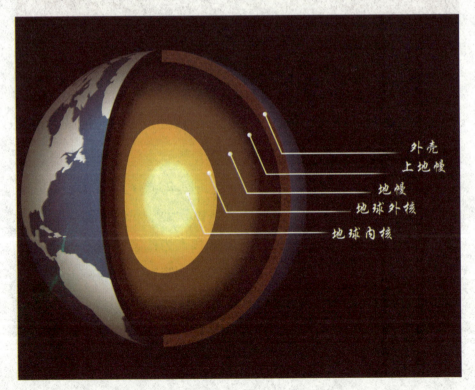

潜水是指地面以下第一个隔水层以上部分的水，分布普遍，埋藏浅，水量较丰富，易于开采。水的浑浊度较低，细菌较少，但硬度较高。潜水与周围环境的关系密切，水的卫生较差。

承压水是指存在于两个隔水层之间的水体。承压水的补给区与分布区不一致，补给区的标高决定承压区水压的大小。此层水水量稳定，无色透明，不易污染，水质好。

承压水一般硬度较高，是生活饮用水的重要来源。

不同区域的河流补给

在热带、亚热带及温带地区，雨水是绝大多数河流的主要补给源。我国的淮河及长江以南的河流都属以雨水补给为主的河流。这些河流的水量及其变化主要取决于流域降水的多少。

融雪水补给

在高纬和中纬度寒冷地带则主要依靠冬季降雪至春夏融化后补给河流。

以融雪水补给为主的河流水量及其变化与流域的积雪量和气温变化有关，一般流量变化比较稳定而有规律。

积雪和冰川补给

那么，高山和极地地区的河流依靠什么来补给呢？它们主要依靠永久积雪和冰川消融的水来补给。

这类河流的水量及其变化决定于流域内永久积雪或冰川储量的大小和温度的变化，这种河流量变化较小。我国新疆的塔里木河就属于这一类。

湖泊沼泽补给

有些河流直接发源于湖泊或接受沼泽水的补给。如松花江源于长白山天池，同时也接受沼泽水的补给。一般来说，这种河流

常年水量变化较小。

可见，河流补给源的类型是多种多样的，雨水并不是河流唯一的补给源。实际上，几乎所有河流都接受至少两种以上类型的补给。

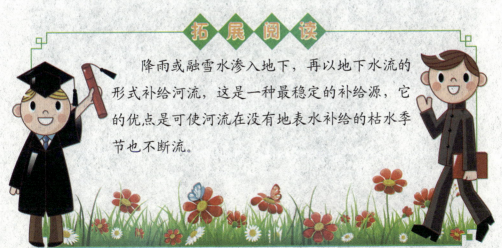

拓 展 阅 读

降雨或融雪水渗入地下，再以地下水流的形式补给河流，这是一种最稳定的补给源，它的优点是可使河流在没有地表水补给的枯水季节也不断流。

图解地
球科普
tujiedi
qiutepu

人类的固体水库

冰川的形成

　　人类的固体水库在哪里？可以毫不夸张地说，分布在世界各地的冰川就是我们的固体水库。

　　在终年冰封的高山或两极地区，多年的积雪经重力或冰河之间的压力沿斜坡向下滑形成冰川。

　　冰川是水的一种存在形式，是雪经过一系列变化转变而来

的。要形成冰川，首先要有一定数量的固态降水，包括雪、雾、雹等。没有足够的固态降水作为原料，就等于无米之炊。

　　冰川存在于极寒之地。地球上南极和北极是终年严寒的，在其他地区只有高海拔的山上才能形成冰川。人们知道，越往高处温度越低，当海拔超过一定高度时，温度就会降到0摄氏度以下，降落的固态降水才能常年存在。

　　冰川学家称这一海拔高度为"雪线"。在南极和北极圈内的格陵兰岛上，冰川是发育在一片大陆上的，所以称之为"大陆冰川"。而在其他地区，冰川只能发育在高山上，所以称这种冰川为"山岳冰川"。

　　在高山上，冰川能够发育，除了要求有一定的海拔以外，还要求高山不要过于陡峭。

　　雪花一落到地上就会发生变化，随着外界条件和时间的变

化，雪花会变成完全丧失晶体特征的圆球状雪，称为"粒雪"，这种雪就是冰川的原料。

积雪变成粒雪后，随着时间的推移，粒雪的硬度和它们之间的紧密度不断增加，相互挤压，紧密地镶嵌在一起，孔隙不断缩小，以至消失。

雪层的亮度和透明度逐渐减弱，一些空气也被封闭在里面，这样就形成了冰川冰。

冰川冰最初形成时是乳白色的。经过漫长的岁月，冰川冰变得更加致密、坚硬，里面的气泡也逐渐减少，慢慢地变成晶莹透彻、带有蓝色的水晶一样的冰川冰。

冰川冰在重力的作用下沿着山坡慢慢流下，就形成了冰川。冰川是地球上最大的淡水资源，也是地球上继海洋以后最大的天

然水库。世界上的七大洲都有冰川。

　　地球上的冰川大约有2900万平方千米，覆盖着大陆11%的面积。冰川冰储水量虽然占地球总水量的2%，储藏着全球淡水量的3/4左右，但可以直接利用的很少。

　　现代冰川面积的97%、冰量的99%为南极大陆和格陵兰两大冰盖所占有，特别是南极大陆的冰盖面积达到1398万平方千米(包括冰架)，最大冰厚度超过4000米，冰从冰盖中央向四周流动，最后流到海洋中崩解。

移动的冰川

　　冰川是移动的，但它移动的速度很慢，这跟地形坡度有直接关系。如珠穆朗玛峰北坡的绒布冰川年流速为117米，是我国流速最大的冰川。同样是珠穆朗玛峰的大冰川，有的几乎纹丝不

动。冰川移动是因为冰川体的空隙里包含着水。在压力和斜度影响下，水像润滑油一样，促使冰川向下移动。

冰川的类型

根据冰川的形态和分布特点可分为大陆冰川和山岳冰川两大类。大陆冰川又叫冰被，它是冰川中的"巨人"，多出现在两极地区。

大陆冰川不受地形的影响，由于冰体深厚、巨大，使得地面的高低起伏都被掩盖在整个冰川之下，表面呈凸起状，中间高，四周低。如整个格陵兰冰川面积为165万平方千米，占格陵兰总面积的90％，中心最大厚度达180米，边缘为45米。这类冰川在世界冰川中所占面积最广，其中以南极的大陆冰川为最大。

　　山岳冰川发育于山地，形态常受地形影响，比大陆冰川小得多。它们有的蜿蜒千里，静卧幽谷；有的气势磅礴，如瀑布直泻而下，尤其是那些冰川上的冰塔、冰洞，千姿百态，形态各异。

拓 展 阅 读

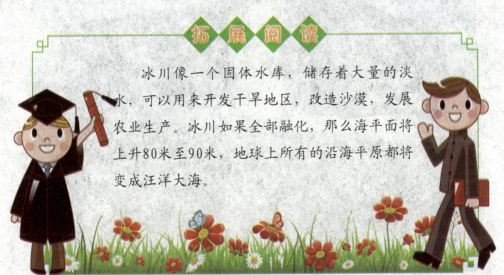

　　冰川像一个固体水库，储存着大量的淡水，可以用来开发干旱地区，改造沙漠，发展农业生产。冰川如果全部融化，那么海平面将上升80米至90米，地球上所有的沿海平原都将变成汪洋大海。

海洋冰山的形成

什么是冰山

冰山是一块大若山川的冰，脱离了冰川或冰架，在海洋里自由漂流。冰的密度约为每立方米0.917千克，而海水的密度约为每立方米1.025千克。

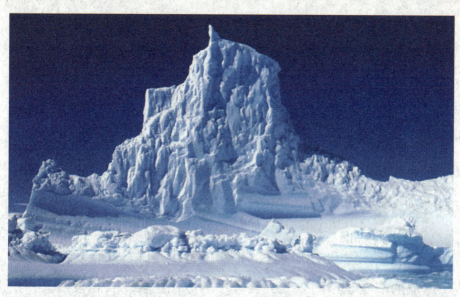

从阿基米德定律中我们可以知道，自由漂浮的冰山约有90%的体积在海水表面下。因此看着浮在水面上的形状，但猜不出水下的形状。这就是为何有"冰山一角"之说的原因。

但是，冰山并不是真正的山，而是漂浮在海洋中的巨大冰块。在两极地区，海洋中的波浪或潮汐猛烈地冲击着附近海洋的大陆冰，天长日久，它的前沿便慢慢地断裂下来，滑到海洋中，漂浮在水面上，形成了所谓的冰山。

漂流的冰山

格陵兰、阿拉斯加等地都是北极地带冰山的老家，每年大约有16000座冰山离家漂行。南极海域是世界上冰山最多的地方，每年大约有20万座冰山在海洋里漂游。

北极的冰山一般体积较小，多呈金字塔形；南极冰山体大身高，四壁峻峭陡直。1965年有一支美国考察队到南极考察，竟发现有一座长333千米、宽96千米的特大冰山，峭壁高出海面几十米。

143

冰山体积的9/10都沉浸在海水下，我们在海面上所看到的仅仅是它的头顶部分。它在水底部分的吃水深度一般都超过200米，深的可达500多米。

这一座座巨大的冰山，随着海流的方向能漂流到很远很远的地方。在正常情况下，它们每天大约能漂流6000米。许多大冰山在海上可以漂流10多年，最后由于风吹日晒、海浪冲击，渐渐消失在温暖海域的海水中。

冰山的分布

由于北冰洋和南极海洋的地理位置、海陆分布情况不同，冰山漂流的情况也不同。北大西洋中的冰山主要来自格陵兰，由拉

布拉多洋流携带着向南漂移。在北太平洋因有白令海峡这个关口，巨大的冰山很难通过，因此在北太平洋洋面上很少见到冰山。南极洋面辽阔，四周无陆地阻挡，大冰山可以长驱直入，浩浩荡荡地向四面八方漂移。冰山漂浮在海洋中，给航海和石油勘探带来了很大威胁。

拓 展 阅 读

1912年4月10日，英国白星航运公司引以为骄傲的"泰坦尼克"号，其处女航中在距离纽芬兰150千米处与冰山相撞，致使2340名乘客和船员，除有几百人逃生外，其余1595人全部葬身大海。

神秘的中国奇泉

含羞泉

含羞泉位于四川省广元龙门山上。把一块小石头往泉里一扔，泉水就会像一个害羞的小姑娘，因受到回声与波震的影响而倒流回去，当没有任何动静后又冒出。

蝴蝶泉

位于云南省西部苍云山弄峰下。每年春夏季节，一群群颜色不同的蝴蝶首尾相衔，串串垂挂在蝴蝶树上，倒映在泉水碧波之中。

喊泉

位于安徽省寿县以北5000米的地方。当有人站在泉边大声叫喊时，泉水就会大股涌出；如果小声

叫喊，泉水小股涌出；不呼不喊泉，则水不涌。

香水泉

河南省睢县城南有条地下流泉，带有一股浓浓的槐花香味，人称槐花泉。

喷乳泉

广西壮族自治区桂平县西南麓有口宽、深各两尺的喷乳泉。每天早、晚9时左右，泉水如鲜乳一样莹白夺目，随后又渐渐地变得清澈透明。

涌鱼泉

四川东北部的城口县境内有57处鱼泉，每年春季，各种各样

的鱼从泉口纷纷涌出水面，有30多个品种，大的鱼重达1斤多。

啤酒泉

内蒙古锡林郭勒草原有六眼泉，其水呈橙黄色，其味略呈麻、辣、酸，色和味都酷似啤酒，且泉水中含有对人体有益的微量元素，有健身、治病的作用。

报时泉

位于美国西部落基山脉的黄石公园，它每隔1小时就喷发一次，每次喷4分半钟，就像向游客报时一样。它从不失约，已经有规律地喷发了400多年。

托币泉

杭州西湖的虎跑泉泉水表面张力大。将水装入杯中，投数枚钱币于水中不沉，水可高出杯口两三毫米而不溢出。

烟火泉

位于台湾省台南县境内。泉水温度高达75摄氏度，泉水既咸又苦，只要划根火柴伸到水面上，就会顿时烟火腾空。

姐妹泉

在河南省郑州西南郊的三李村有一对泉水，相距不远。一个温度在32摄氏度以上，称为温泉；一个温度在18摄氏度以下，称为冷泉。

毒气泉

位于云南省腾冲县城45千米处。泉井无水，却可见到硫黄结晶等物质，并经常发出二氧化硫等气味。

拓 展 阅 读

三餐泉：在南美洲乌拉圭的南格罗湖畔。它是一个罕见的间歇泉，每天喷射3次，第一次在早晨7时，第二次在中午12时，第三次在晚19时。由于这3个时间恰恰是当地居民吃早餐、午餐和晚餐的时间，因此这个喷泉被人称为"三餐泉"。

151

圣泉治病之谜

圣泉的传说

传说，1858年一位女孩在岩洞内玩耍，忽然，圣母马利亚在她面前显圣，告诉她洞后有一眼清泉，指引她洗手洗脸，并且告诉她这泉水能治百病，说罢倏然不见。神奇的泉水经年不息，它以其神奇的治疗功效闻名全球，就连被现代医学宣判"死刑"的皮肤病患者来此洗过之后也会很快康复，因此被人们称为圣泉。

相关事件

有个意大利青年名叫维托利奥·密查利,他身患一种罕见的癌症,癌细胞已经破坏了他左髋骨部位的骨头和肌肉。经X光透视发现,他的左腿仅由一些软组织束同骨盆相连,看不到一点儿骨头成分,辗转几家医院后,他的左侧从腰部至脚趾被打上石膏,但却被宣告无药可医,而且医生预言至多能再活一年。

1963年5月26日,他在其母亲的陪伴下,经过16小时的艰难跋涉到达劳狄斯,第二天便去沐浴。

密查利在几名护理员的照顾下脱去衣服,光着身子被浸入

冰冷的泉水中，但打着石膏的部位却未浸着，只是用泉水进行冲淋。奇迹出现了，打这以后，密查利开始有了饥饿感，而且胃口之好是数月来所未有过的。

从圣泉归家后仅数星期，他突然产生从病榻上起身行走的强烈欲望，而且他果真拖着那条打着石膏的左腿从屋子的一头走到另一头。此后的几个星期内，他继续在屋子里来回走动，体重也增加了。到了年底，疼痛感竟全部消失。

1964年2月18日，医生们为他除去左腿上的石膏，并再次进行X光透视，片子上清晰地显示出那完全损坏的骨盆组织和骨头竟然出人意料地再生。4月，他已能行动自如，参加半日制工作，不久便在一家羊毛加工厂就业。

不解的谜团
像这样的病例并非个别。据报道，在124年中为医学界所承认的这样的医疗奇迹就达64例。这64例均经过设在劳狄斯的国际医

学委员会严格审定。该机构由来自世界10个国家的30名医学专家组成，各个专家均是某个专科的权威。

那么，圣泉这种起死回生的奥秘究竟何在呢？随着现代医学的不断发展，我们相信，人们一定能剥去圣泉的扑朔迷离的宗教的外衣，揭示它的本质，从而解开这个谜团。

拓 展 阅 读

据统计，每年约有430万人去劳狄斯，其中不少人是身患疾病，甚至是病入膏肓，已被现代医学宣判"死刑"的病人。他们不远千里来到这儿，仅在圣泉水池内浸泡一下，病情便能减轻，有的竟不治而愈！

图书在版编目（ＣＩＰ）数据

地理如果这样看 / 王连河编著. -- 长春 ： 吉林
出版集团股份有限公司，2013.10
（图解地球科普 / 张德荣主编. 第1辑）
ISBN 978-7-5534-3210-6

Ⅰ．①地… Ⅱ．①王… Ⅲ．①地理－青年读物②地理
－少年读物 Ⅳ．①K9-49

中国版本图书馆CIP数据核字(2013)第227300号

地理如果这样看

王连河　编著

出 版 人	齐　郁
责任编辑	朱万军
封面设计	大华文苑（北京）图书有限公司
版式设计	大华文苑（北京）图书有限公司
法律顾问	刘　畅
出　　版	吉林出版集团股份有限公司
发　　行	吉林出版集团青少年书刊发行有限公司
地　　址	长春市福祉大路5788号
邮政编码	130118
电　　话	0431-81629800
传　　真	0431-81629812
印　　刷	三河市嵩川印刷有限公司
版　　次	2013年10月第1版
印　　次	2020年5月第3次印刷
字　　数	118千字
开　　本	710mm×1000mm　1/16
印　　张	10
书　　号	ISBN 978-7-5534-3210-6
定　　价	36.00元